Charles Zettel

Pilze

Charles Zettel

Pilze

59 Arten entdecken
und bestimmen

Illustriert von Theodor Svarc

Aus dem Französischen
von Annika Klapper

Anaconda

Warnhinweis

Trotz der sorgfältigen Zusammenstellung dieses Buches kann es passieren, dass Leser einen von ihr/ihm gefundenen Pilz nicht korrekt bestimmen.

In keinem Fall haften Autor, Übersetzerin oder Verlag für einen durch eine falsche Bestimmung hervorgerufenen Schaden beziehungsweise eine Vergiftung.

Lizenzausgabe mit freundlicher Genehmigung
Titel der französischen Originalausgabe:
Le petit guide des champignons

FSC www.fsc.org
MIX
Papier aus verantwortungsvollen Quellen
FSC® C014138

Verlagsgruppe Random House FSC® N001967

Die Deutsche Nationalbibliothek verzeichnet diese Publikation in der Deutschen Nationalbibliographie; detaillierte bibliographische Daten sind im Internet unter http://dnb.d-nb.de abrufbar.

Umschlaggestaltung: dyadesign, Düsseldorf, www.dya.de unter Verwendung von Motiven aus dem Innenteil
Satz und Layout: InterMedia – Lemke e. K., Heiligenhaus
Printed in Czech Republic
ISBN 978-3-7306-0900-2
www.anacondaverlag.de

Vorwort

Der vorliegende Pilzführer erhebt nicht den Anspruch, die Gesamtheit aller heimischen Pilzsorten abzubilden oder zu beschreiben. Aus Gründen der Lesbarkeit und Handlichkeit wurde die Anzahl der dargestellten Pilze auf die geläufigsten, schmackhaftesten und am einfachsten zu bestimmenden Arten begrenzt.

Diese durchaus willkürliche Auswahl soll den Reichtum der Pilze natürlich nicht auf eine kurze Liste reduzieren; alle Leserinnen und Leser können ihr selbstverständlich die für sie wichtigsten Pilze hinzufügen! Dem Autor war es ein Anliegen, hier die gefährlichsten Pilze abzubilden (die 80 Prozent der Vergiftungen verursachen), damit Sie diese meiden können, außerdem die seines Erachtens nach leckersten und einfach zu verarbeitenden, und schließlich die Pilze, die in der Natur am häufigsten vorkommen und somit einfach zu sammeln sind.

Vorsicht!

Pilze sind ganz besondere Lebewesen: Durch ihre Eigenschaften, ihren Geschmack, ihr Aussehen und ihre Bekömmlichkeit sind sie aber zugleich Lebensmittel, mit denen man vorsichtig umgehen sollte.

Wie erkenne ich »gute« Pilze?

Ihre äußerlichen Merkmale müssen eindeutig der Beschreibung entsprechen: allgemeines Aussehen (schlank oder stämmig, Farbe), Form und Beschaffenheit des Huts (Größe, Farbe, Aussehen, Haptik, aber auch das Vorhandensein von Lamellen, Röhren oder Stacheln), Form und Aufbau des Stiels (Ring, Scheide).

Pflücken Sie niemals Pilze, bei denen Sie sich nicht sicher sind.

Trotz der präzisen Klassifizierung im Führer kann es sein, dass Sie zögern: Zeigen Sie die von Ihnen gepflückten Pilze dann einem Apotheker, wenn Sie in einer ländlichen Gegend leben, oder Menschen, die sich damit auskennen. Gehen Sie keinesfalls ein Risiko ein.

Bestimmte Pilzarten sind nicht immer gleichermaßen wohlschmeckend und bekömmlich.

Die individuellen Vorlieben eines Menschen und die unterschiedlichen Zubereitungsarten können zu geschmacklichen Variationen führen. Bevor Sie also ein neues Pilzgericht in großer Menge für die ganze Familie zubereiten, machen Sie vorab eine kleine Kostprobe.

Allgemeine Informationen

Wie wachsen Pilze?

Da Pilze nicht über Chlorophyll verfügen, benötigen sie andere Pflanzenarten zum Wachsen. Sie entstehen aus einer Spore, eine Art mikroskopisch kleiner Samen, aus der sich das Myzel entwickelt, der vegetative Teil des Pilzes.

Manche Pilzarten wachsen lediglich ein oder zwei Stunden lang, dann haben Wachstum und Lebensdauer bereits ihr Ende erreicht (Tintlinge), während andere zwei Wochen brauchen, um ihre ausgewachsene Größe zu erreichen (Pfifferlinge).

Pilze sind praktisch die »Müllmänner« der Natur, denn sie helfen, Laub und andere Holzabfälle zu beseitigen, indem sie sie in Erde verwandeln oder in ihren anorganischen Zustand zurückbringen.

Pilzringe

Dieses kreisförmige Wuchsbild von Pilzen kennt man als »Hexenring«, es handelt sich dabei aber nur um die Spur, die das unterirdisch wachsende Myzel hinterlässt, wenn es seinen Weg fortsetzt, nachdem es im ersten Jahr die Nährstoffe aus der Erde gezogen hat. Das Myzel verdichtet zudem Nitrit, das als Dünger wirkt und Gras grüner und saftiger macht!

Die Morphologie der Pilze

Pilze gibt es in den verschiedensten Formen.

Hut: Pilzhüte können rund und konvex (Steinpilz) sein, abgeflacht (Leberreischling), spitz (Morchel), trichterförmig (Pfifferling) oder glockenförmig (Ritterling). Die Hüte können von einer dünnen Schuppenschicht oder auch von Warzen bedeckt sein.

Unter dem Hut: Einige Pilze weisen Lamellen auf (Ritterlinge), andere Stacheln (Semmelpilz), wieder andere Leisten (Pfifferling).

Stiel: Manchmal weisen Stiele einen Ring am oberen Teil oder an der Basis auf (Kaiserling) sowie eine Scheide; dabei handelt es sich um den Rest eines Velums, das den Pilz umgibt und während seines Wachstums aufreißt.

Wann und wie sammelt man Pilze?

Die meisten Pilze wachsen zwischen März und Oktober, die beste Erntezeit ist der September. Die günstigste Bedingung für die Pilzernte ist mildes Wetter: weder zu warm noch zu kalt, nach dem Regen, wenn der Wind nicht allzu stark ist.

Wenn Sie Wiesenpilze suchen, schauen Sie an den Rändern von feuchten Wiesen. Im Wald sollten Sie Flächen mit dichtem Buschwerk, Efeu, Farnen und Ginster meiden; suchen Sie lieber feuchte, tieferliegende Gegenden ab,

Stämme von Baumarten, die bei Pilzen beliebt sind, sowie mit Moos oder leicht mit Gras bewachsene Flächen, bestenfalls in schattiger, windgeschützter Lage.

Wenn Sie regelmäßig in derselben Gegend Pilze sammeln gehen, notieren Sie sich, wo ungefähr Sie fündig wurden, so sparen Sie sich das Suchen bei der nächsten Pilzernte!

Respektieren Sie Privatgrundstücke: Pilze gehören den Eigentümern des jeweiligen Grunds. Besser Sie fragen vorher, ob Sie dort Pilze pflücken dürfen. In deutschen Waldgebieten, die nicht Teile eines Naturschutzgebietes sind, ist das Sammeln für den Eigengebrauch (mit Ausnahme einiger Pilzarten) in begrenzten Mengen (max. 2 kg) gestattet.

Legen Sie die gesammelten Pilze vorsichtig in einen stabilen Korb, möglichst nur eine Schicht, denn bis auf wenige robustere Arten (Pfifferlinge, Röhrlinge) werden sie sehr schnell zerquetscht.

Lassen Sie die Pilze, die Sie nicht mitnehmen möchten, stehen – Pilze leisten einen entscheidenden Beitrag für das Gleichgewicht unseres Ökosystems.

Wie benutzen Sie diesen Pilzführer?

Die hier abgebildeten Arten sind die häufigsten, schmackhaftesten oder gefährlichsten Pilze, die in alphabetischer Reihenfolge nach ihrem gängigen Namen aufgeführt werden.

Für jeden Pilz gibt es eine Abbildung sowie folgende systematische Beschreibung:

- **Wo wächst er?** Natürlicher Lebensraum, Pflanzen, mit denen der jeweilige Pilz in Symbiose lebt.

- **Wie erkenne ich ihn?** Beschreibung der äußeren Gestalt und Merkmale.

- **Wann wächst er?** Jahreszeit, klimatische Bedingungen.

- **Kann ich den Pilz zubereitet essen?** Alle nötigen Informationen zu Zubereitung und Verzehr, sofern der Pilz nicht giftig ist.

Verbreitete Vorurteile über Pilze

- Pilze können bei Verzehr giftig oder schädlich sein, sie versprühen jedoch kein Gift.
- Man erkennt giftige Pilze nicht daran, dass sie sich schwarz verfärben, wenn man sie in die Nähe einer Zitrone oder eines Silberlöffels hält.
- Giftige Pilze erkennt man auch nicht daran, dass sie die Farbe ändern, wenn man sie schneidet: Das passiert ebenso bei bekömmlichen Pilzarten!
- Schnecken essen alle Pilzarten, giftige und verzehrbare, somit helfen sie nicht bei der Bestimmung von giftigen Arten.
- Die Annahme, alle Pilzarten, die im Frühjahr wachsen, seien essbar, ist falsch. Essbare Pilze wachsen genauso im Herbst.

Eine Faustregel

Es gibt nur einen Weg, essbare, schmackhafte Pilze zu erkennen: Man muss lernen, sie exakt zu bestimmen!

Wenn Sie auch nur im Geringsten zweifeln oder nicht alle angeführten Merkmale passen, gehen Sie lieber keine unnötigen Risiken ein: Zeigen Sie Ihre Pilzernte Menschen, die sich damit auskennen (Tierärzte, Apotheker, Mykologen oder erfahrene Pilzsammler).

In diesem Sinne: Viel Spaß, erfolgreiches Sammeln ... und guten Appetit!

Symbole

Essbar

Schmackhaft, essbar

Delikatesse

Ungenießbar

Sehr giftig

Hochgiftig, teils tödlich

Tödlich

Wo wächst er?

In Büscheln lebt der Honiggelbe Hallimasch als Parasit auf lebenden oder abgestorbenen Bäumen. Es handelt sich um eine häufige Art.

Wie erkenne ich ihn?

An seinem auffällig gefärbten Hut, der von braunen, haarigen Schuppen bedeckt ist.

- Der Stiel ist braun, schuppig, mit einem häutigen, dicken weißen Ring.
- Die Lamellen sind cremefarben, manchmal bräunlich gefleckt.
- Das Fleisch ist weiß und bräunlich, der Geschmack leicht kratzend.

Wann wächst er?

Im Herbst und Winter, an von ihm befallenen Bäumen.

Kann ich den Pilz zubereitet essen?

Ja, sofern er mindestens eine Viertelstunde gekocht wird. Dieser Hallimasch riecht sehr intensiv.

Honiggelber Hallimasch

Armillariella mellea

Essbar

Wo wächst er?

Die Laubwald-Rotkappe wächst unter Laubbäumen, in Hainbuchenwäldern und vor allem unter Birken, im Gras und an Waldrändern.

Wie erkenne ich ihn?

- An seinem fleischigen Hut mit einem Durchmesser von 10–18 cm, mit typischer Färbung.
- Der Stiel ist lang (10–20 cm), vom Hut ablösbar (wie bei allen Röhrlingen) und bedeckt mit kleinen bräunlichen, später schwarzen Unebenheiten, wodurch er meliert oder gesprenkelt aussieht.
- Das Fleisch ist weiß, beim Schneiden gräulich bis dunkelviolett.

Wann wächst er?

Im Herbst, mitten in der Pilzsaison.

Kann ich den Pilz zubereitet essen?

Ja. Dieser Pilz ist eine essbare Art von mittlerer Qualität, mit relativ schwachem Eigengeschmack. Beim Kochen verfärbt er sich schwarz. Am besten stark anbraten, damit das weiche Fleisch fest wird.

Laubwald-Rotkappe

Leccinum aurantiacium

Essbar

Wo wächst er?

In großen Laubwäldern, unter Nadelbäumen und manchmal auch auf Wiesen, wo der Nebelgraue Trichterling in großen »Hexenkreisen« zu finden ist.

Wie erkenne ich ihn?

Diesen großen Pilz erkennt man an seinem charakteristischen modrigen Geruch.

- Der große runde Hut mit einem Durchmesser von 6–20 cm ist aschgrau und weist eine schimmernde, trockene Oberfläche auf.
- Die weißlichen Lamellen reichen bis zur Stielbasis.
- Der Stiel ist schwammig und hohl, 6–20 cm lang.

Vorsicht

Nicht mit einem ihm sehr ähnlichen Pilz, dem Riesen-Rötling *(Entoloma sinuatum)*, verwechseln! Dieser Pilz ist giftig und hat rosafarbene Lamellen, die nicht bis zur Stielbasis reichen.

Wann wächst er?

Im Herbst, bis zum ersten Frost, häufig und weit verbreitet.

Kann ich den Pilz zubereitet essen?

Manchen schmeckt dieser Trichterling, obwohl sein mitunter starker Geruch nicht jedermanns Sache ist.

Nebelgrauer Trichterling

Lepista oder *Clitocybe nebularis*

Wo wächst er?

Fast nur unter Nadelbäumen, in kleinen Büscheln. Der Große Schmierling ist eine häufige Art.

Wie erkenne ich ihn?

An seinem kräftig gelben Stiel, ebenso schmierig wie der Hut:

- Letzterer ist grau mit schwarzen Flecken und bedeckt mit einer dicken Schleimhülle.
- Die Lamellen sind gegabelt, grau, später schwarz.
- Das Fleisch ist weiß, wird bei Berührung jedoch schwarz.

Wann wächst er?

Im Herbst, an feuchten Orten.

Kann ich den Pilz zubereitet essen?

Ja, sofern die Haut an Hut und Stiel entfernt wurde.

Großer Schmierling

Gomphidius glutinosus

Essbar

Wo wächst er?

In Nadelwäldern, insbesondere unter Kiefern und im Gras.

Wie erkenne ich ihn?

Der Frost-Schneckling ist eine kleine bis mittelgroße Pilzart mit einem Hutdurchmesser von 4–6 cm.

- Der Hut ist klein, dunkel-olivbraun und teils transparent, sodass die gelblichen Lamellen durchscheinen.
- Der charakteristische Gelbton, weshalb dieser Pilz auch Gelbblättriger Schneckling genannt wird, findet sich im Stiel wieder (weich und leicht haarig) und wird mit der Zeit dunkelgelb bis orangefarben.
- Das Fleisch ist zart, süßlich im Geschmack und geruchsneutral.

Wann wächst er?

Im Spätherbst. Womöglich der späteste Pilz der Saison.

Kann ich den Pilz zubereitet essen?

Ja. Dieser Pilz ist essbar, aber nicht gerade eine Delikatesse.

Frost-Schneckling

Hygrophorus hypothejus

Essbar

Wo wächst er?

In Laub- und Nadelwäldern.

Wie erkenne ich ihn?

Das auffälligste Merkmal des Jungfern-Ellerlings ist sein einheitliches Weiß, inklusive der Lamellen.

- Die Gestalt ist schlank, der Hut flauschig, manchmal leicht klebrig.
- Die Lamellen sind dick und stehen weit auseinander.
- Der Stiel ist ebenso schleimig, mit körniger Oberfläche am oberen Teil.
- Das Fleisch ist weich, weißlich und geruchsneutral.

Wann wächst er?

Im Herbst, in feuchten Wäldern.

Kann ich den Pilz zubereitet essen?

Ja. Allerdings ist dieser Pilz zwar essbar, aber nicht sehr gefragt.

Jungfern-Ellerling

Cuphophyllus virgineus

Essbar

Durchweg weiß mit gewölbtem,
sehr klebrigem Hut

Wo wächst er?

Im Gras von Kiefernwäldern.

Wie erkenne ich ihn?

Der Edel-Reizker ist leicht an seinem besonderen Orangeton zu erkennen. Nach und nach bekommt er grüne Flecken, bis er schließlich komplett grün ist.

- Konvexer, in der Mitte eingefallener Hut.
- Dichte orangefarbene Lamellen.
- Der kurze Stiel wird mit dem Alter gänzlich hohl.
- Das feste, brüchige Fleisch sondert eine eindeutig erkennbare, rötlich gefärbte Milch ab.

Vorsicht

Nicht mit einem anderen Reizker, dem Lachs-Reizker *(Lactarius salmonicolor)* verwechseln! Dieser ist nicht essbar, gelber in der Färbung und wird im Alter nicht grün. Ebenfalls nicht mit dem Birken-Milchling *(Lactarius torminosus)* verwechseln mit weißem, filzigem Hut und giftigem Fleisch.

Wann wächst er?

Spätsommer, Herbst.

Kann ich den Pilz zubereitet essen?

Vielleicht macht der *Lactarius deliciosus* seinem Namen keine große Ehre, aber er verfügt über einen sehr starken, harzigen Geschmack, den manche durchaus schätzen.

Edel-Reizker

Lactarius deliciosus

Wo wächst er?

In allen feuchten Laubwäldern.

Wie erkenne ich ihn?

Die eindeutigen Merkmale des Semmel-Stoppelpilzes verhindern jede Verwechslung mit sämtlichen giftigen Arten.

- Der Hut ist samtig, fleischig, weißlich gefärbt und kompakt.
- An der Hutunterseite sorgen cremeweiße Stacheln für eine einfache Bestimmung dieses Pilzes.
- Der Stiel ist dick, an der Bruchstelle verfärbt er sich braun wie das Fleisch; mehrere Stiele können zusammengewachsen sein.
- Das Fleisch ist relativ geruchsarm und mürbe.

Wann wächst er?

Von Spätsommer bis November, in Gruppen, bei niedrigen Temperaturen.

Kann ich den Pilz zubereitet essen?

Ja. Dieser auch als Schafspilz bekannte Pilz ist eine schmackhafte Beilage für viele Gerichte. Es empfiehlt sich, die Stacheln vor der Zubereitung zu entfernen.

Semmel-Stoppelpilz

Hydnum repandum

Essbar

Unterseite des Huts
mit kleinen Stacheln

Wo wächst er?

Der Fleischrote Speise-Täubling wächst in Eichen- und Buchenwäldern.

Wie erkenne ich ihn?

Der Hut ist halbkugelig (5–12 cm im Durchmesser), von rosa-bräunlicher Färbung, zur Mitte hin dunkler.

- Die weißen Lamellen reagieren auf Druck empfindlich, sind schmal und stehen dicht.
- Der weiße Stiel weist oft rostbraune Flecken auf und ist 8–10 cm lang.

Diesen Speise-Täubling kann man mit anderen, mehr oder weniger bekömmlichen, aber keineswegs hochgiftigen Täublingen verwechseln.

Wann wächst er?

Ab Frühsommer, Mai etwa.

Kann ich den Pilz zubereitet essen?

Ja. Der Geschmack ist angenehm, jedoch relativ mild. Der Speise-Täubling eignet sich gut für Ragout oder zum Verfeinern eines Gerichts.

Fleischroter Speise-Täubling

Russula versca

Essbar

Wo wächst er?

Auf gedüngten Wiesen und in Gärten.

Wie erkenne ich ihn?

Dieser Pilz ist nicht zu übersehen! Der Riesenbovist sieht aus wie eine große weiße Kugel.

- Hut und Stiel sind eins und können einen Durchmesser von bis zu 50 cm erreichen.
- Der Fruchtkörper wird aus einer großen, samtigen, sehr glatten weißen, später gelblich braunen Hülle gebildet.
- Das gänzlich weiße Innere ist bei den jungen Bovisten festfleischig und wird beim Reifen pulverig.

Wann wächst er?

Zu Herbstbeginn, innerhalb einer Nacht.

Kann ich den Pilz zubereitet essen?

Ja, aber nur der junge Bovist zeichnet sich durch einen angenehmen, besonderen Geschmack aus. Es empfiehlt sich, ihn in Scheiben zu schneiden, in Butter anzubraten und mit Fleischsaft zu übergießen.

Riesenbovist

Bovista gigantea

Essbar

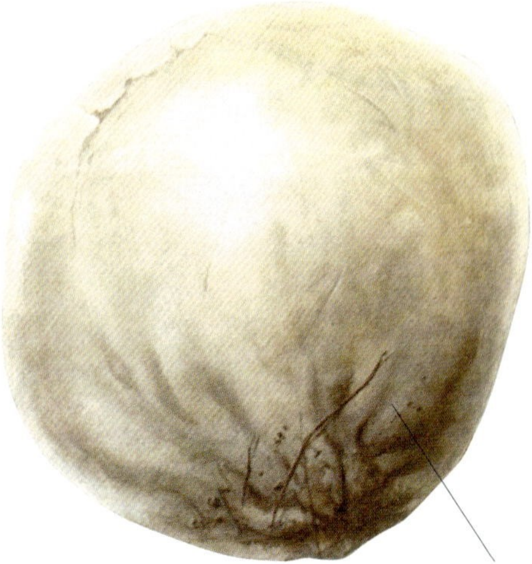

Ähnelt einem im Gras liegenden Ballon

Wo wächst er?

Unter Eichen, häufiger jedoch unter Nadelbäumen, in allen Höhen. Dieser Pilz ist eine sehr häufige Art und ernährt sich ausschließlich von Laub oder herabgefallenen Nadeln.

Wie erkenne ich ihn?

Beim Waldfreund-Rübling handelt es sich um einen kleinen Pilz mit einem 2–3 cm breiten, runden, in der Mitte etwas vertieften Hut.

- Die dicht stehenden Lamellen sind weiß oder gelblich gefärbt.
- Der Stiel ist zäh, glänzend und meist von stark gelber Färbung.
- Das Fleisch ist wässrig, weiß und stark duftend.

Wann wächst er?

Die ganze Saison über, von Frühlingsbeginn (er wächst sogar vor Morcheln) bis zum Spätherbst; dann ist er meistens der einzige noch wachsende Pilz.

Kann ich den Pilz zubereitet essen?

Ja, aber ohne Stiel, der zu zäh ist. Dieser fein duftende Pilz hebt den faden Geschmack anderer Arten.

Gemeiner Waldfreund-Rübling

Collybia dryophila

Wo wächst er?

Im Wald, in der Nähe von Baumstümpfen und abgestorbenen Bäumen, aus denen er seine Nährstoffe zieht.

Wie erkenne ich ihn?

Bei diesem Wurzelrübling handelt es sich um einen mittelgroßen Pilz mit welligem, buckeligem Hut mit klebriger Oberfläche, wodurch er leicht zu bestimmen ist.

- Die langen weißen Lamellen stehen weit auseinander.
- Der sehr lange Stiel ist hohl, an der Basis breiter. Beim Pflücken zieht man eine lange weiße Wurzel aus der Erde, woran diese Pilzart nahezu eindeutig zu bestimmen ist (daher der Name).
- Das Fleisch ist hell und schmeckt mild.

Wann wächst er?

Von Frühling bis Herbst, auf morschen, abgestorbenen Bäumen.

Kann ich den Pilz zubereitet essen?

Ja, er eignet sich gut zum Verzehr.

Schleimiger Wurzelrübling

Oudemansiella radicata

Essbar

Wo wächst er?

Auf gut gedüngtem Grund, auf Weiden und an Wegrändern.

Wie erkenne ich ihn?

Der Schopf-Tintling ist leicht zu erkennen:

- Sein Hut ist lang und glockenförmig, 8–15 cm im Durchmesser, und bedeckt mit weißen, abstehenden Schuppen.
- Wenn die Lamellen reifen, werden sie schwarz, bis sie sich schließlich im Alter, wie der Rest des Pilzes, ganz in einer tintenähnlichen Flüssigkeit auflösen.
- Danach bleibt nur der weiße Stiel übrig, teils mit dem unverwachsenen, hautdünnen Ring.

Wann wächst er?

Von April bis November. Schopf-Tintlinge wachsen in Büscheln. Es empfiehlt sich, die jungen Exemplare zu pflücken.

Kann ich den Pilz zubereitet essen?

Ja, wenn er direkt nach dem Pflücken verzehrt wird und die Lamellen sich noch nicht schwarz verfärbt haben.

Schopf-Tintling

Coprinus comatus

Essbar

Wo wächst er?

In Buchenwäldern und kalkhaltigen Böden, die Fruchtkörper wachsen meist in kreisförmigen Kolonien.

Wie erkenne ich ihn?

Dieser Pilz ist relativ leicht an seiner Größe zu erkennen, denn er kann bis zu 25 cm hoch werden, wobei der Hut einen Durchmesser von bis zu 30 cm erreicht.

- Der breite, rot- bis schokoladenbraune Hut ist an den Seiten gerippt.
- Die Lamellen sind ockerfarben.
- Der weiß-violette Stiel ist bei jungen Exemplaren von einem Schleier bedeckt.
- Das feste weiße Fleisch riecht angenehm.

Wann wächst er?

Im Herbst.

Kann ich den Pilz zubereitet essen?

Die Schleiereule ist der schmackhafteste Pilz unter den Schleierlingen. Es empfiehlt sich, eher die jungen Pilze zu verzehren, da das Fleisch zarter ist, und lediglich die Pilzköpfe zu ernten. Sie können ähnlich wie Tomaten gefüllt serviert werden (erst goldbraun anbraten, dann im Ofen garen).

Schleiereule (Blau-gestiefelter Schleimkopf)

Cortinarius praestans

Essbar

Wo wächst er?

Diese häufige Pilzart wächst in sauren Böden, im Moos und an sehr feuchten sowie schattigen Orten im Wald in großen Gruppen.

Wie erkenne ich ihn?

Anhand seiner eindeutigen, auffälligen Färbung. Im Alter verfärbt sich der Violette Lacktrichterling blaugrau.

- Der kleine Hut (3–5 cm Durchmesser) ist trocken und wellig. Oft erkennt man mittig ein Loch, das in den hohlen, langen Stiel führt.
- Die langen, unregelmäßigen Lamellen reichen kaum bis zur Stielbasis.
- Das Fleisch ist wässrig, schmeckt mild und riecht angenehm.

Wann wächst er?

Von Frühling bis Herbst.

Kann ich den Pilz zubereitet essen?

Ja, der Geschmack und die Konsistenz sind sehr angenehm, zudem ist dieser Pilz sehr verbreitet! Den Stiel besser abschneiden – sein Fleisch ist zu zäh.

Violetter Lacktrichterling

Laccaria amethystina

Essbar

Wo wächst er?

In nackter, fetter Erde, u. a. in der Nähe von Misthaufen, auch in Obstgärten. Mitunter an Wegrändern.

Wie erkenne ich ihn?

Beim Tränenden Saumpilz handelt es sich um einen recht großen Pilz, dessen Hut über 10 cm breit werden kann. Letzterer ist gewölbt, gelblich oder rötlich gefärbt und faserig. An den Lamellenschneiden sitzen dunkle Tröpfchen, die diesem Pilz seinen Namen geben.

- Der Stiel ist hohl, relativ breit und hat einen lose sitzenden Ring.
- Das braune, feuchte und empfindliche Fleisch schmeckt mild, aromatisch.

Wann wächst er?

Im Frühling.

Kann ich den Pilz zubereitet essen?

Ja, es handelt sich um einen hervorragenden Speisepilz, der jedoch leider beim Zubereiten schwarz ausfärbt.

Tränender Saumpilz

Psathyrella velutina

Essbar

Wo wächst er?

An den Stämmen von Kastanien oder Eichen, die er befällt.

Wie erkenne ich ihn?

Der Eichen-Leberreischling ist einzig in seiner Art, was die Form betrifft, und kann bis zu 1 kg schwer sein, mit einer Breite von 10–15 cm und einer Länge von 5–20 cm.

- Der Hut ohne Stiel ist blutrot gefärbt, im Alter bräunlich.
- Unter dem Hut sitzen feine cremefarbene Röhren, voneinander abgegrenzt wie die Borsten einer Bürste.
- Das dichte, weiche, schwere Fleisch, sondert beim Schneiden eine rote Flüssigkeit ab.

Wann wächst er?

Von Juli bis November.

Kann ich den Pilz zubereitet essen?

Ja, wenn man ihn früh pflückt und die äußere Hautschicht entfernt.

Eichen-Leberreischling

Fistulina hepatica

Essbar

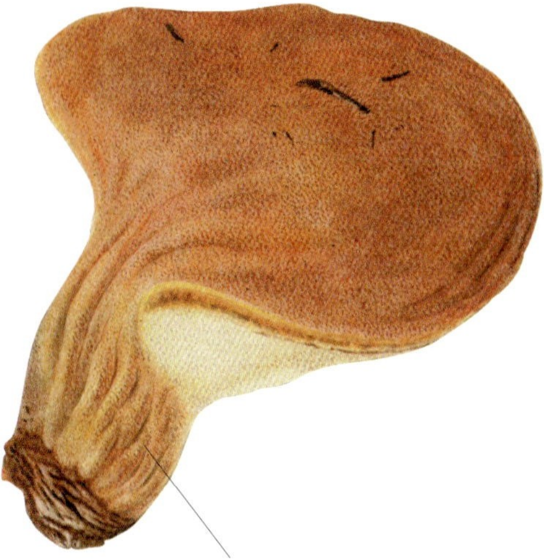

Wächst direkt am Baum

Wo wächst er?

Unter Apfelbäumen, Eschen sowie auf umgegrabenen Böden – in Gärten, Baugruben, Plantagen.

Wie erkenne ich ihn?

Der charakteristische Hut der Speisemorchel erinnert an einen Schwamm.

- Der mit Waben versehene, runzelige Hut ist gelblich, teils auch bräunlich gefärbt und von wachsartiger Textur.
- Darunter finden sich weder Lamellen, noch Röhren, noch Stacheln.
- Der weiße, breite Stiel ist ebenso hohl wie der Kopf.
- Das Fleisch ist weiß, nicht sehr dick, aber fest, geruchsneutral und schmeckt mild.

Wann wächst er?

Im April und Mai. Diese Art wächst ausschließlich im Frühling.

Kann ich den Pilz zubereitet essen?

Ja, sofern die Morcheln erhitzt werden. Roh sind sie nämlich giftig.

Speisemorchel

Morchella esculenta

Essbar

Wo wächst er?

Auf Wiesen, wo sich um ihn herum schöne Kreise sattgrünen Grases bilden, die sich Jahr um Jahr weiter ausdehnen. Dieser Pilz liebt Licht, aber keine Hitze.

Wie erkenne ich ihn?

Dieser Schwindling ist anhand seiner Merkmale leicht zu erkennen:

- Ein ockerfarbener, glockenförmiger kleiner Hut, teils mit angehobenem Rand, mit einem dunkleren Buckel in der Mitte.
- Weit auseinanderstehende weißliche oder ockerfarbene Lamellen.
- Ein sehr dünner Stiel.
- Angenehm riechendes, zartes gelbliches Fleisch.

Wann wächst er?

Hauptsächlich im Herbst, wenn dieser Schwindling mitunter derart dicht und zahlreich wächst, dass das Gras um den Stiel herum abstirbt.

Kann ich den Pilz zubereitet essen?

Selbstverständlich! Hierbei handelt es sich um einer sehr beliebten und häufig verwendeten Speisepilz! Den zähen Stiel allerdings lieber nicht verwerten. Der Schwindling eignet sich zudem gut zum Trocknen, ob in der Sonne oder im Ofen.

Nelken-Schwindling

Marasmius oreades

Essbar

Wächst in
»Hexenringen«

Wo wächst er?

Auf Stümpfen und an Stämmen von Laubbäumen, gelegentlich auch auf Nadelbäumen.

Wie erkenne ich ihn?

Das Gemeine Stockschwämmchen ist einfach auszumachen:

- Der gebuckelte, 2–5 cm breite honig- oder zimtfarbene Hut ist zu den Rändern hin durchscheinend.
- Die eng stehenden Lamellen sind zunächst weiß, später braun.
- Der Stiel ist lang und gebogen, hohl, zur Basis schwarz und unterhalb des Rings mit Schuppen besetzt.

Wann wächst er?

Ab Mai, eine häufige Art.

Kann ich den Pilz zubereitet essen?

Ja, das Gemeine Stockschwämmchen ist ein geschätzter Speisepilz, lecker in Suppen und Saucen.

Gemeines Stockschwämmchen

Kuehneromyces mutabilis

Essbar

Wo wächst er?

In Nadel- und Laubwäldern, aber auch in Gärten und Parks.

Wie erkenne ich ihn?

An der blauen Färbung des Fußes, die ins Violette übergeht.

- Der mittelgroße Hut ist grau.
- Die schmalen Lamellen stehen dicht und sind gräulich violett.
- Der Stiel ist manchmal im Grauton etwas kräftiger als der Hut.
- Das zarte weiße bis leicht violette Fleisch ist aromatisch.

Das Verwechslungsrisiko ist gering, solange man sich an der Farbe des Pilzes orientiert.

Wann wächst er?

Erst spät, gegen Herbstende. Er hält sich bis zu den ersten schweren Kälteeinbrüchen.

Kann ich den Pilz zubereitet essen?

Ja, dieser Speisepilz ist lecker und einer der beliebtesten. Es empfiehlt sich jedoch, ihn zu kochen, da er roh meist ungenießbar ist.

Violetter Rötelritterling

Lepista nuda

Essbar

Wo wächst er?

Auf Stümpfen oder an Stämmen, wo er büschelweise wächst und sich von einer Stielbasis ausgehend zu den Seiten verzweigt.

Wie erkenne ich ihn?

Im Grunde besteht so gut wie keine Verwechslungsgefahr.

- Der austernförmige Hut (6–12 cm breit) ist feucht und seine Färbung reicht von Dunkelviolett über Grau bis hin zu Hellbraun.
- Die Lamellen sind weiß oder blassrosa.
- Von einem Stiel ausgehend wachsen Verzweigungen.
- Das Fleisch ist weiß und fest, Geruch und Geschmack sind angenehm.

Austernpilze sind sehr geschätzte und häufig verzehrte Speisepilze, die man auf Pappelholz züchten kann.

Wann wächst er?

Von September bis November, in Wäldern mit Pappeln, Nussbäumen, Eichen und manchmal auch in Buchenwäldern.

Kann ich den Pilz zubereitet essen?

Ja, am besten in Scheiben geschnitten in 2 EL Olivenöl andünsten. 2 Knoblauchzehen, ein großes Bund Petersilie, Salz und Pfeffer dazu. 15 Minuten schmoren lassen.

Austern-Seitling

Pleurotus ostreatus

Essbar

Wächst auf Holz,
austernförmiger Hut

Wo wächst er?

Oft zahlreich in Kiefernwäldern.

Wie erkenne ich ihn?

An seinem leicht kegelförmigen oder gewölbten Hut mit trockener Oberfläche und einem Durchmesser von 4–8 cm.

- Der Hut reißt an den Rändern schnell ein und ist mit einem leichten, samtweichen gräulichen Filz überzogen.
- Die Lamellen sind gezahnt, erst weiß, später grau, und mit zunehmender Reife am Hutrand sichtbar.
- Der weißliche Stiel ist weich, faserig und recht empfindlich.
- Das Fleisch ist ebenfalls weiß, sehr empfindlich und mild im Geschmack.

Dieser Pilz ist aufgrund seiner Empfindlichkeit äußerst schwer zu transportieren.

Wann wächst er?

Im Herbst.

Kann ich den Pilz zubereitet essen?

Ja. Dieser Ritterling schmeckt jung sehr gut, die reiferen Exemplare sind aber so empfindlich, dass sie zum Ernten und Zubereiten nicht gut geeignet sind.

Essbar

Gemeiner Erd-Ritterling

Tricholoma terreum

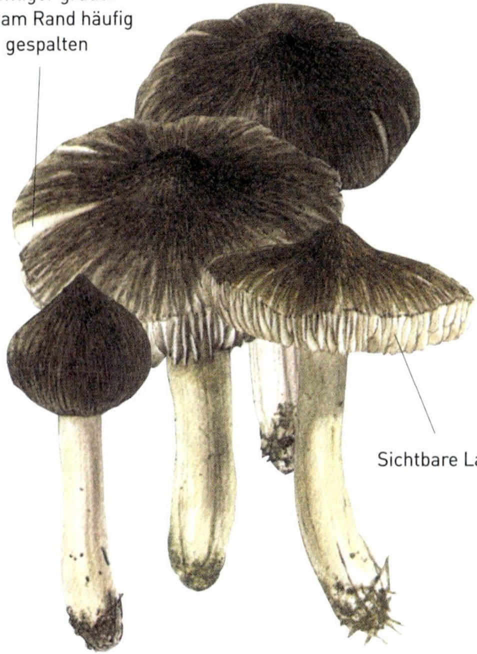

Wo wächst er?

In Gärten, auf Schutt- oder Misthaufen, auf Dung, abgestorbenen Bäumen und Holzstapeln.

Wie erkenne ich ihn?

Der Große Scheidling ähnelt aufgrund seiner Volva einem Wulstling, besitzt jedoch keinen Ring – das entscheidende Merkmal, um diese zwei Pilzarten zu unterscheiden.

- Sein blassgrauer bis weißlicher, fleischiger Hut fasst sich schleimig und klebrig an.
- Die breiten weißen Lamellen werden später rosa-bräunlich.
- Der weiße Stiel ist nicht hohl.
- Das weiche weiße Fleisch dieses Scheidlings riecht leicht nach Radieschen.

Vorsicht

Nicht mit dem Grünen Knollenblätterpilz *(Amanita phalloides)* verwechseln (siehe S. 128), der am Stiel einen Ring aufweist und weiße Lamellen hat.

Wann wächst er?

Im Sommer und Herbst.

Kann ich den Pilz zubereitet essen?

Ja, hierbei handelt es sich um eine durchaus schmackhafte essbare Art.

Großer Scheidling

Volvaria gloiocephala

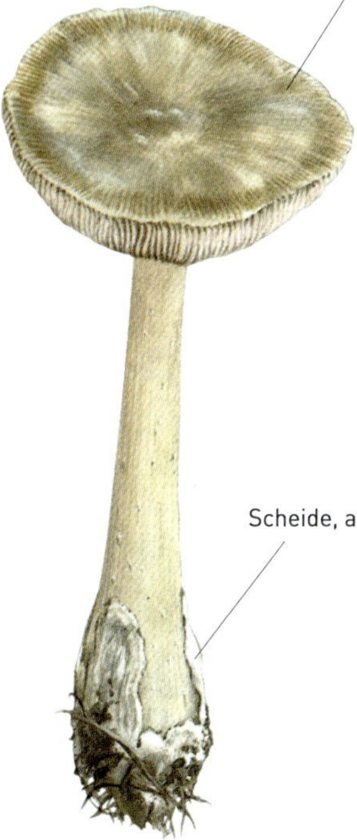

Wo wächst er?

In Eichen- und Buchenwäldern, die viel Sonne abbekommen, denn dieser Pilz liebt Wärme.

Wie erkenne ich ihn?

Dieser Dickröhrling ist einer der beliebtesten seiner Art, denn er ist am einfachsten zu erkennen.

- Sein komplett schwarzer Hut ist anfangs rund und wölbt sich später; er fühlt sich meist trocken an, an bewölkten Tagen leicht feucht.
- Unter dem Hut finden sich die für diese Pilzart typischen Röhren – sie verlaufen vertikal und bilden eine Art Schwamm.
- Der Stiel ist enorm dick und wird mit zunehmendem Alter länger.
- Das Fleisch riecht angenehm erdig.

Wann wächst er?

Von Juni bis September.

Kann ich den Pilz zubereitet essen?

Und ob! Feinschmecker schätzen diesen Röhrling ganz besonders.

Bronze-Röhrling

oder Schwarzhütiger Steinpilz

Boletus aereus

Essbar

Wo wächst er?

In den meisten Laubwäldern (Eiche, Kastanie), an Waldwegen. Er ist etwas kapriziös, in manchen Jahren schießen die Pilze nur so aus dem Boden, in anderen sind sie geradezu unauffindbar – und keiner weiß, warum.

Wie erkenne ich ihn?

Für Pilzliebhaber und Kenner ist er der Champion aller Klassen und kann eine beachtliche Größe sowie einen Hutdurchmesser von 25 cm erreichen.

- Der dicke, gewölbte Hut ist rötlich braun, leicht feucht und wird mit zunehmendem Alter weicher.
- Unter dem Hut finden sich die für diese Art typischen Röhren, die vertikal verlaufen und eine Art pflanzlichen Schwamm bilden.
- Der dicke hellbraune Stiel ist mit einem feinen, weißen, leicht erhabenen Netz überzogen.
- Das Fleisch des Gemeinen Steinpilzes ist dicht, weiß und zart, mit angenehmem Geruch und Geschmack.

Wann wächst er?

Von August bis November.

Kann ich den Pilz zubereitet essen?

Ohne Frage. Unter den Röhrlingen finden sich kaum giftige und gar keine tödlich giftigen Arten.

Gemeiner Steinpilz

Boletus edulis

Wo wächst er?

In lichten Wäldern und Unterholz auf saurem Boden, ebenso auf kieselsäurehaltigen Wiesen und Feldern.

Wie erkenne ich ihn?

Dieser wohlschmeckende und sehr beliebte Pilz ist leicht zu erkennen:

- Der beigefarbene Hut hat dunkelbraune Schuppen.
- Die breiten Lamellen stehen eng.
- Charakteristisch ist der braungestreifte Stiel mit doppeltem Ring im oberen Bereich.
- Das Fleisch bleibt auch an Bruchstellen weiß.

Vorsicht

Sammeln Sie nur die großen Schirmlinge! Die kleinen (unter 10 cm) mit rötlichem Fleisch sind gefährlich.

Wann wächst er?

Von Juli bis Oktober.

Kann ich den Pilz zubereitet essen?

Ja, wobei man ihn nicht mit dem Pantherpilz *(Amanita pantherina)* – weißer Stiel, siehe Seite 92 – verwechseln darf.

Gemeiner Riesenschirmling

Macrolepiota procera

Essbar

Mit braunen Schuppen bedeckter Hut

Kann bis zu 40 cm hoch werden!

Wo wächst er?

In Wäldern, am Rand von Böschungen und entlang von dichten Hecken. Der Pfifferling liebt Moos, wo er in Gruppen wächst.

Wie erkenne ich ihn?

Dieser mittelgroße Pilz ist der beliebteste Speisepilz, auch wegen der schönen Form und gelben Färbung.

- Der kleine Hut ist trichterförmig mit gewellten Rändern.
- Unter dem Hut sind Leisten, bei denen es sich nicht um durch Kratzen abzulösende Lamellen (Falscher Pfifferling) handelt, sondern um echte, miteinander verbundene Falten im Fleisch, die sich verzweigen und den recht fleischigen, kegelstumpfförmigen Stiel herablaufen.
- Das Fleisch ist im Gelbton etwas kräftiger als der Hut.
- Das fruchtig riechende Fleisch ist weißlich gelb gefärbt.

Wann wächst er?

Im Sommer, nach Gewitterregen.

Kann ich den Pilz zubereitet essen?

Und ob! Pfifferlinge schmecken besonders gut zu Fisch.

Echter Pfifferling

Cantharellus cibarius

Essbar

Wo wächst er?

Auf Frühlingswiesen, häufig in sogenannten Hexenkreisen, ebenso am Waldrand, stets auf kalkreichem Boden.

Wie erkenne ich ihn?

Der berühmte Mairitterling hat:

- einen runden, gewölbten, völlig glatten Hut, der bis zu 15 cm breit werden kann,
- eng stehende, weiße, später cremefarbene Lamellen,
- einen kurzen, dicken Stiel,
- festes, weißes, dichtes Fleisch, das leicht nach frischem Mehl duftet.

Vorsicht

Man darf ihn nicht mit Wulstlingen (die am Stiel Scheide und Ring aufweisen), dem Riesen-Rötling *(Entoloma sinuatum)* – rosafarbene Lamellen, gräulicher Hut – oder dem Ziegelroten Risspilz verwechseln.

Wann wächst er?

Nur im Frühling.

Kann ich den Pilz zubereitet essen?

Selbstverständlich. Der Mairitterling gehört zu den besten Speisepilzen! Besonders gut schmeckt er in Butter angedünstet, dazu Sahne und ein Eigelb. Köstlich!

Mairitterling

oder Georgsritterling

Calocybe gambosa oder *Tricholoma gambosa*

Wo wächst er?

An alten Baumstämmen, insbesondere an Holunderbäumen.

Wie erkenne ich ihn?

Dieser sehr auffällige Pilz kann so gut wie gar nicht verwechselt werden. Allerdings ähnelt er durch seine ungleichmäßige Form und gallertartige Struktur dem Baumharz.

- Das Judasohr hat keinen Stiel, ist klein, durchscheinend und von olivgrüner, leicht schwärzlicher Färbung, meistens auf einer Seite konkav. Das Fleisch ist transparent, schmeckt mild und ist geruchsneutral.
- Der Name entstammt der Legende, Judas habe sich nach dem Verrat an Jesus an einem Holunderbaum erhängt ....

Wann wächst er?

Von Frühling bis Herbst.

Kann ich den Pilz zubereitet essen?

Ja, besonders in Asien ist das Judasohr, auch Mu-Err, ein beliebter Speisepilz; er verleiht Saucen eine gelatineartige Konsistenz. Leicht zu trocknen.

Judasohr

Hirneola auricula-judae

Wo wächst er?

Der Kaiserling liebt Wärme, daher ist er besonders in Kastanien- oder Eichenwäldern im Süden Europas zu finden. In Deutschland kommt er nur selten vor.

Wie erkenne ich ihn?

Abgesehen von seinem stark riechenden, dicken Fleisch, zeichnet sich der Kaiserling durch einige andere recht eindeutige Merkmale aus:

- Der 5–16 cm breite Hut ist glatt und an den Rändern leicht gestreift.
- Die Lamellen sind gelb und dicht gedrängt, im Gegensatz zu anderen Wulstlingen.
- Der ebenfalls gelbe Stiel trägt einen gelben Ring sowie eine weiße, sehr große, breite Scheide.

Wann wächst er?

Zu Herbstbeginn, häufig nach sehr heißen Sommern.

Kann ich den Pilz zubereitet essen?

Ja! Er gilt als einer der besten Pilze. Schon die alten Römer liebten ihn!

Kaiserling

oder Orangegelber Wulstling

Amanita caesarea

Essbar

Wo wächst er?

Der Südliche Ackerling wächst in Büscheln an Laubbäumen, vorwiegend an Pappeln, an Stamm oder Stumpf. Er liebt die Wärme, daher findet man ihn in Deutschland in Weinbaugebieten.

Wie erkenne ich ihn?

Er ist ein robuster Pilz, der mitunter den gesamten Stamm eines Baumes bedecken kann.

- Der gelbliche, seidige Hut wirkt schrundig.
- Die weißen Lamellen verfärben sich mit der Zeit ins Rostbraune.
- Der Stiel ist fest, weiß und trägt am oberen Ende einen kleinen Ring.
- Das feste, mild schmeckende Fleisch riecht angenehm.

Wann wächst er?

Von Frühling bis Herbst; dann ist er sehr häufig zu finden.

Kann ich den Pilz zubereitet essen?

Natürlich. Der Ackerling ist ein geschätzter Speisepilz. Man kann ihn züchten, indem man mit seinem Hut über den Stamm einer Pappel reibt.

Südlicher Ackerling

Agrocybe aegerita oder *cylindracea*

Essbar

Wächst an Baumstümpfen oder Baumstämmen

Wo wächst er?

In Kiefernwäldern, manchmal unter Laubbäumen.

Wie erkenne ich ihn?

Bei diesem Champignon handelt es sich um einen recht großen Pilz (8–12 cm Hutdurchmesser), dessen kugeliger Hut mit braunen Schuppen bedeckt ist, die fast wie ein Fell aussehen.

- Die getrennten, eng stehenden Lamellen sind blassgrau bis rosa gefärbt (wie bei allen Champignons).
- Der lange, weiße, zylinderförmige Stiel trägt am oberen Ende einen weißen Ring.
- Das Fleisch ist fest, reichhaltig, duftet nach Anis und färbst sich rot, wenn es bricht.

Wann wächst er?

Von Frühling bis Herbst, in der Nähe von Nadelholz.

Kann ich den Pilz zubereitet essen?

Ein köstlicher Pilz mit besonders feinem Aroma.

Kleiner Wald-Champignon

Agaricus silvaticus

Wo wächst er?

Dieser Pilz wächst häufig auf Wiesen, wo er besonders nach Regenschauern und viel Tau zahlreich zu finden ist.

Wie erkenne ich ihn?

Den Wiesen-Champignon muss man ganz exakt bestimmen, um ihn nicht mit giftigen Arten der Wulstlinge (z. B. Knollenblätterpilze) zu verwechseln.

- Der Hut ist seidig-weiß.
- Die zunächst rosafarbenen Lamellen verfärben sich im Alter braun bis schwarz.
- Der kurze weiße Stiel trägt zwar einen kleinen, empfindlichen Ring, aber keine Scheide.
- Das feste Fleisch wird braun, wenn es bricht, und riecht angenehm wie das des Zucht-Champignons (eigentlich eine Egerlingsart), auch Portobello genannt.

Vorsicht

Der Wiesen-Champignon darf nicht mit dem Grünen Knollenblätterpilz *(Amanita phalloides)* – weiße Lamellen, Scheide, siehe S. 128 – verwechselt werden.

Wann wächst er?

Im Spätsommer und Herbst, nach großer Hitze. Dieser Pilz kann binnen eines halben Tages wachsen; es lohnt sich also am späten Nachmittag zu der Wiese zurückzukehren, wo man morgens bereits reichlich Pilze gesammelt hat!

Kann ich den Pilz zubereitet essen?

Ja! Einer der besten und bekanntesten Speisepilze.

Wiesen-Champignon

Agaricus campestris

Essbar

Wo wächst er?

Im Unterholz von Laubwäldern, auf schlammigem Boden und im Laub.

Wie erkenne ich ihn?

Durch ihr spezielles Aussehen kann die Totentrompete mit keiner anderen Art verwechselt werden.

- Sie hat keinen Hut, ähnelt dafür aber einer Trompete mit gewelltem Rand und ist im Inneren bis zur Basis hohl.
- Die Totentrompete verfügt weder über Lamellen noch über Leisten.
- Das wässrige Fleisch ist sehr aromatisch und eignet sich gut zum Trocknen. Dadurch ist dieser Pilz, auch in Pulverform, lange haltbar.

Wann wächst er?

Im Herbst, um Allerheiligen herum. Teils in sehr dichten Gruppen, sodass der Boden gänzlich schwarz erscheint.

Kann ich den Pilz zubereitet essen?

Ja, besonders im Omelette schmeckt dieser Pilz köstlich. Man sollte allerdings nicht zu große Mengen zu sich nehmen, da die Fasern schwer verdaulich sind.

Totentrompete

oder Herbsttrompete

Craterellus cornucopioides

Essbar

Erinnert an einen schwarzen Enzian

Wo wächst er?

In Nadelwäldern in höheren Lagen. Es handelt sich hierbei um eine recht seltene Art.

Wie erkenne ich ihn?

Dieser Körnchenschirmling hat einen 5–8 cm breiten Hut, der fleischig, teils löchrig und von einem weichen, jedoch körnigen Belag überzogen ist. Seine orange-rote Färbung gibt diesem Pilz seinen Namen.

- Die weißen Lamellen sind trennbar.
- Der blasse Stiel ist am Fuß mit flockigen Schuppen bedeckt und trägt am oberen Ende die Reste eines empfindlichen Ringes.
- Der Geruch ist neutral, das Fleisch weißlich.

Wann wächst er?

Im Sommer und Herbst.

Kann ich den Pilz zubereitet essen?

Nein, dieser Pilz ist nicht essbar.

Zinnoberbrauner Körnchenschirmling

Cystoderma cinnabarinum

Kein Speisepilz

Wo wächst er?

Auf gefallenem Laub, am Stamm von Buchen und unter Laubbäumen.

Wie erkenne ich ihn?

Man erkennt ihn an seinem charakteristischen Stiel.

- Der untere Teil ist haarig und grau.
- Der gewölbte Hut ist weißlich oder gelbbraun bis braungrau, mit einem Durchmesser von 4–6 cm.
- Das wässrige ockerfarbene Fleisch hat ein pfeffriges Aroma und riecht nach Essig.

Dieser Pilz schrumpft bei Trockenheit zusammen und erhält bei Regen wieder seine ursprüngliche Form.

Wann wächst er?

Im Sommer und Herbst.

Kann ich den Pilz zubereitet essen?

Nein, er ist ungenießbar.

Brennender Rübling

Collybia peronata

Kein Speisepilz

Wo wächst er?

An Baumstämmen, die er als Parasit befällt.

Wie erkenne ich ihn?

Beim Zunderschwamm gibt es keinen Zweifel: Dieser große, extrem harte, hell- bis dunkelgraue Pilz (manchmal ist er sogar härter als Holz!) kann mit keinem anderen verwechselt werden. Er ist überzogen mit konzentrischen Rillen und wächst in Schichten, die sich übereinander legen.

Wann wächst er?

Ganzjährig. Der Zunderschwamm ist ein mehrjähriger Pilz.

Kann ich den Pilz zubereitet essen?

Nein, auf keinen Fall! Früher nutzte man ihn für alles Mögliche: zum Feueranzünden (entsprechend behandelt ist er hochentzündlich), zum Stillen von Blutungen oder zur Behandlung eingewachsener Nägel.

Zunderschwamm

Fomes fomentarius

Kein Speisepilz

Wo wächst er?

In Laub- und Nadelwäldern.

Wie erkenne ich ihn?

Dieser optisch beeindruckende Pilz wird mit zunehmendem Alter komplett schwarz.

- Großer Hut: 10–20 cm im Durchmesser.
- Große, dicke, weit auseinanderstehende Lamellen.
- Gefüllter, breiter Stiel.
- Beim Anschneiden färbt sich das Fleisch zunächst rötlich, anschließend rasch schwarz.

Der Dickblättrige Schwarz-Täubling ist nahezu unverwüstlich: Seine Überreste bleiben als eine Art schwarzes Skelett nach der Saison bis zum nächsten Jahr stehen.

Wann wächst er?

Von Juli bis November.

Kann ich den Pilz zubereitet essen?

Er ist essbar, aber nicht unbedingt ein kulinarischer Genuss. Das Fleisch ist dicht und recht fest.

Dickblättriger Schwarz-Täubling

Russula nigricans

Kein Speisepilz

Wo wächst er?

In Wäldern, in der Heide und sogar unter Tannen.

Wie erkenne ich ihn?

Wie die meisten Wulstlinge ist auch dieser einfach zu erkennen:

- Der kleine bräunliche Hut ist mit hellen, auffällig weißen Flocken besetzt, die wie Milchtropfen aussehen.
- Der Stiel trägt sowohl einen Ring, hier schmal und oft weiß gestreift, als auch eine Scheide an seiner Basis.
- Die Knolle an der Stielbasis weist die charakteristischen, serpentinenartig verlaufenden Wülste auf.
- Das Fleisch verfärbt sich nicht beim Brechen, riecht allerdings streng, wenn es altert.

Vorsicht

Nicht mit anderen Wulstlingen, wie dem Rötenden Wulstling oder Perlpilz *(Amanita rubescens)*, der gekocht hervorragend schmeckt, hier jedoch nicht aufgelistet wird, verwechseln. Unsere Empfehlung: Pflücken Sie gar keinen Pilz, auf den diese Beschreibung passt.

Wann wächst er?

Von Juni bis Oktober.

Kann ich den Pilz zubereitet essen?

Nein, der Pantherpilz ist giftig.

Pantherpilz

Amanita pantherina

Kein Speisepilz

Wo wächst er?

Meist unter Birken oder Fichten.

Wie erkenne ich ihn?

Der schönste Wulstling, leicht zu erkennen an seinem Hut.

- Roter Hut mit weißen Flocken. Vorsicht: Regen kann diese Punkte abwaschen, sodass der Fliegenpilz wie ein Kaiserling aussieht.
- Die Lamellen sind immer weiß.
- Der sehr lange weiße Stiel trägt einen breiten Ring.

Vorsicht

Verwechslungsgefahr besteht mit dem Kaiserling (gelborangefarbener Hut, aber eindeutig gelbliche Lamellen und Stiel, siehe S. 74). Der Fliegenpilz ist ein sehr schöner Pilz und zum Glück recht leicht zu bestimmen: Daher sind so gut wie keine Vergiftungen in Verbindung mit ihm bekannt.

Wann wächst er?

Im Herbst.

Kann ich den Pilz zubereitet essen?

Nein, er ist hochgiftig und darf nicht gepflückt werden.

Fliegenpilz

Amanita muscaria

Wo wächst er?

In lichten Laubwäldern, auf kalkhaltigem, trockenem Boden. Insbesondere in warmen Jahren.

Wie erkenne ich ihn?

Der Satans-Röhrling ist ein dicker, kompakter Pilz.

- Der weißliche Hut wird mit der Zeit grünlich und ist 8–30 cm breit.
- Unter dem Hut liegen, wie bei allen Röhrlingen, die vertikal verlaufenden Röhren, die den charakteristischen Schwamm bilden.
- Der Stiel ist sehr dick und stämmig, gelb-rot, überzogen mit einem rötlichen Netz.
- Das weiße, dichte Fleisch ist ein eindeutiges Erkennungsmerkmal: Bei Luftkontakt verfärbt es sich blau oder grün.

Wann wächst er?

Von Juli bis September. Ein Exemplar kann bis zu 5 kg wiegen!

Kann ich den Pilz zubereitet essen?

Nein, denn der Satans-Röhrling kann schwere Magen- und Darmbeschwerden hervorrufen.

Satans-Röhrling

Boletus satanas

Kein Speisepilz

Wo wächst er?

In Laubwäldern (Buche), wo dieser Pilz häufig vollständige Kreise bildet, ähnlich wie Korallenbänke.

Wie erkenne ich ihn?

Ein schöner, sehr dekorativer weißlich fleischfarbener Pilz mit einer Höhe von 10–20 cm.

- Der Strunk verzweigt sich in zylinderförmige Fruchtkörper; diese Äste enden in einer gelblichen Spitze.
- Die dreifarbige Koralle riecht nach dem Sägemehl von Buchen.
- Das weiße Fleisch läuft leicht rötlich an.

Verwechslungsgefahr besteht mit anderen Korallenpilzen ähnlicher Färbung, die nicht essbar, aber weniger giftig sind.

Wann wächst er?

Im Herbst.

Kann ich den Pilz zubereitet essen?

Nein. Auch wenn dieser Pilz schön aussieht, der Verzehr führt zu schweren Verdauungsstörungen.

Dreifarbige Koralle

oder Schöne Koralle

Clavaria formosa

Kein Speisepilz

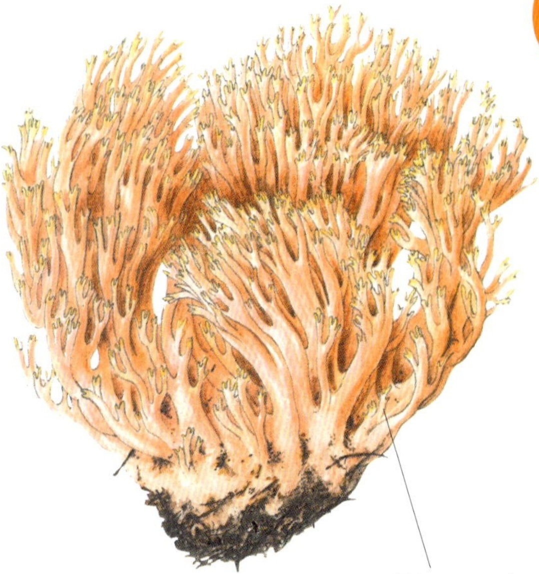

Erinnert an eine blassrosafarbene Koralle

Wo wächst er?

In Gärten oder auf gedüngtem Boden, auf in Erde vergrabenem Totholz, wo er meist in beeindruckend großen Büscheln wächst.

Wie erkenne ich ihn?

Dieser 10–20 cm große Pilz hat folgende Merkmale:

- einen grau-gelben Hut, der sich im Alter in schwarze Tinte verwandelt, also flüssig wird
- Lamellen
- einen weißen, hohlen Stiel mit einem angedeuteten Ring Hutränder, die sich im Alter heben und nach und nach einreißen.

Wann wächst er?

Von April bis November.

Kann ich den Pilz zubereitet essen?

Lieber nicht, denn gerade in Kombination mit Alkohol ist dieser Tintling sehr giftig.

Falten-Tintling

Coprinus atramentarius

Kein Speisepilz

Wo wächst er?

Auf abgestorbenen Wurzeln und Baumstümpfen, in Wäldern, auf Wiesen und Obstwiesen.

Wie erkenne ich ihn?

Am Rand seines Huts, der heller ist als der restliche Hut oder mit einem Schleier überzogen.

- Der kräftige Stiel, 5–10 cm lang, trägt einen teils membranartigen Ring.
- Die zunächst weißlichen Lamellen werden später auffällig olivbraun.
- Das Fleisch ist ungenießbar.

Sein Verwandter, der Grünblättrige Schwefelkopf *(H. fasciculare)*, ist häufiger, von gelber Färbung, wächst früher und ist ebenso wenig zum Verzehr geeignet.

Wann wächst er?

Von Frühlingsbeginn bis Herbst.

Kann ich den Pilz zubereitet essen?

Nein, das bittere Fleisch ist nicht zum Verzehr geeignet und sogar giftig.

Ziegelroter Schwefelkopf

Hypholoma sublateritium

Kein Speisepilz

Wo wächst er?

Unter Birken und Buchen.

Wie erkenne ich ihn?

Dieser robuste Pilz lässt sich anhand verschiedener Merkmale bestimmen:

- Der Rand seines großen trichterförmigen Huts (Durchmesser von 15–20 cm) ist rissig.
- Die Oberfläche besteht aus großen filzartigen Fasern, die diesem Pilz sein wollähnliches Äußeres verleihen.
- Der weiße Stiel ist kurz, fest und hat eine samtige Oberfläche.
- Während das Fleisch geruchsneutral ist, verströmt die Milch einen beißenden Geruch.

Wann wächst er?

Im Herbst, bis Saisonende.

Kann ich den Pilz zubereitet essen?

Nein. Er ruft Verdauungsprobleme hervor.

Wolliger Milchling

Lactarius vellereus

Kein Speisepilz

Wo wächst er?

In allen Wäldern, auf allen Böden. Wächst vereinzelt oder in teils großen Gruppen. Eine sehr häufige Pilzart.

Wie erkenne ich ihn?

Es handelt sich um einen mittelgroßen Pilz mit einem 3–5 cm breiten Hut.

- Der rosa gefärbte, kegelförmige Hut ist recht dünn und weist Streifen auf.
- Die Lamellen stehen relativ weit auseinander; der Stiel ist gerade und glatt.
- Der charakteristische Geruch nach verfaulten Radieschen erschwert die Verwechslung mit anderen Arten deutlich.

Wann wächst er?

Im Sommer und Herbst. Dieser Helmling benötigt Wärme, um sich fortzupflanzen.

Kann ich den Pilz zubereitet essen?

Nein, er ist leicht giftig. Zum Glück riecht er so unangenehm, dass einem der Appetit vergeht!

Rosa Rettich-Helmling

Mycena rosea

Kein Speisepilz

Wo wächst er?

Auf offenem Feld, nie in Wäldern. Dieser Pilz wächst in Büscheln am Stamm von Laubbäumen oder an Baumstümpfen.

Wie erkenne ich ihn?

Hierbei handelt es sich um einen der auffälligsten und dekorativsten Pilze:

- Der gewölbte Hut ist bedeckt mit großen, gelben und braunen abstehenden, haarigen Schuppen.
- Auch der gefüllte Stiel weist bis zum Ring abstehende Schuppen auf.
- Die gelben Lamellen werden im Alter dunkler, rostbraun.
- Das gelbe Fleisch riecht stark nach modrigem Holz.

Wann wächst er?

Spät im Herbst.

Kann ich den Pilz zubereitet essen?

Nein, davon ist abzuraten. Zum einen riecht dieser Pilz unappetitlich, zum anderen kann er Verdauungsstörungen hervorrufen.

Sparriger Schüppling

Pholiota squarrosa

Kein Speisepilz

Wo wächst er?

Auf Bergweiden und Wiesen.

Wie erkenne ich ihn?

Es handelt sich um einen kleinen, 8 cm langen Pilz mit einem 1 cm breiten Hut.

- Der gelbliche Hut in Form einer Wichtelkappe ist gut zu erkennen.
- Die Lamellen verlaufen nahezu vertikal, sind zunächst cremefarben, später schwarzbraun bis rötlich.
- Der sehr schmale blassgelbe Stiel (2–3 cm Durchmesser) ist hohl und krumm.

Wann wächst er?

Im Frühling, auf Feuchtwiesen.

Kann ich den Pilz zubereitet essen?

Nein, es sei denn, Ihnen wäre gerade nach einem ganz besonderen Trip! Die Wirkung dieses halluzinogenen Pilzes ist mit der von LSD zu vergleichen, Anbau oder Sammeln in der Natur sind praktisch überall streng verboten ... Also Finger weg!

Spitzkegeliger Kahlkopf

Psylocybe semilanceata

Kein Speisepilz

Wo wächst er?

Vor allem in Laub- und Nadelwäldern. Er versteckt sich häufig im Moos in der Nähe von Kiefern.

Wie erkenne ich ihn?

An seiner schönen gelben Färbung und der kleinen Größe:

- Hutdurchmesser von 5–8 cm,
- große gelbe Lamellen,
- ein zylinderförmiger, ebenfalls gelber Stiel, manchmal braun gefleckt,
- sowie gelbes Fleisch, dessen Geruch an Benzin erinnert. Der Name dieses Pilzes stammt aus dem Mittelalter, als nur Ritter ihn pflücken durften.

Wann wächst er?

Von August bis November: Er liebt die Wärme.

Kann ich den Pilz zubereitet essen?

Viele Laien haben diesen Pilz gesammelt, doch zahlreiche Vergiftungsunfälle führten dazu, dass er als giftige Art klassifiziert wurde.

Gelbgrüner Ritterling

Tricholoma flavovirens

Kein Speisepilz

Wo wächst er?

In hellen Nadelwäldern, vor allem im Gebirge, besonders auf sauren Böden.

Wie erkenne ich ihn?

Der Kegelhütige Knollenblätterpilz ist ebenso wie der Grünblättrige Knollenblätterpilz (*Amanita phalloides*, siehe S. 128) ein tödlich giftiger Pilz, den man in jedem Fall eindeutig bestimmen sollte:

- samtig weißer Hut, 5–10 cm im Durchmesser,
- weiße Lamellen,
- weißer, beflockter Stiel mit dicker, ebenfalls weißer Scheide,
- faulig riechendes Fleisch.

Wann wächst er?

Im Herbst. Er ist seltener als der Grünblättrige Knollenblätterpilz.

Kann ich den Pilz zubereitet essen?

Auf keinen Fall! Dieser Pilz ist extrem giftig. Am besten treten Sie ihn platt, wenn Sie ihn sehen. Bei Verzehr kann nur die sofortige Behandlung im Krankenhaus den Betroffenen retten.

Kegelhütiger Knollenblätterpilz

Amanita virosa

Kein Speisepilz

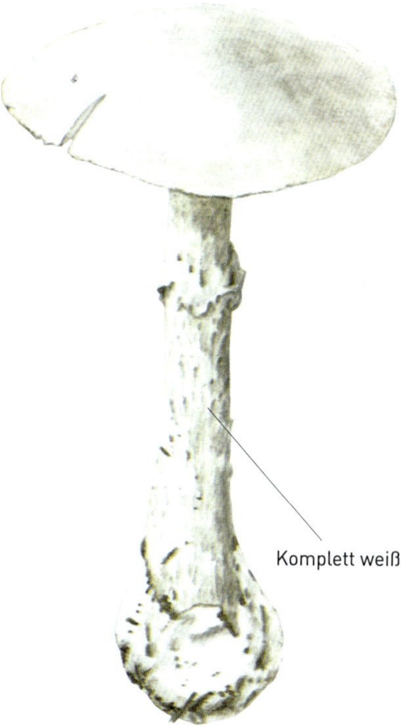

Wo wächst er?

Gruppenweise im Dickicht, in Büschen und Laub. Wächst nicht unter Nadelbäumen.

Wie erkenne ich ihn?

- Der beige bis weiße Hut dieses kleinen Pilzes sieht aus, als wäre er mit einer Art Zuckerguss überzogen.
- Die Lamellen stehen eng, der dünne Stiel ist glatt und innen hohl.
- Das Fleisch ist eher wässrig, der Geruch mehlartig.

Wann wächst er?

Im Herbst.

Kann ich den Pilz zubereitet essen?

Auf keinen Fall. Dieser giftige Pilz enthält Muskarin, ein Nervengift, das Schweißausbrüche sowie schwere Seh- und Herzrhythmusstörungen hervorrufen kann.

Wachsstieliger Trichterling

Clitocybe candicans

Kein Speisepilz

Wo wächst er?

In den meisten Laubwäldern (Eichen) und auch Nadelwäldern.

Wie erkenne ich ihn?

Wie alle Schleierlingsverwandte hat dieser Pilz einen feinen Schleier, der den Hut mit dem Stiel verbindet.

- Hutdurchmesser von 3–7 cm, in der Mitte ein Buckel, gelb bis zimtbraun gefärbt, wie der gesamte Pilz.
- Die Lamellen sind meistens etwas kräftiger gelb gefärbt.
- Der Stiel ist dünn und hohl.
- Zartes Fleisch, riecht nach Geranie.

Wann wächst er?

Von September bis November.

Kann ich den Pilz zubereitet essen?

Keinesfalls. Der Zimtbraune Hautkopf ist sehr giftig. Im Allgemeinen sollte man keine Schleierlinge verzehren, denn die meisten sind giftig. Nur die Schleiereule (*Cortinarius praestans*, siehe S. 40), die leicht an der Größe zu erkennen ist, ist essbar.

Zimtbrauner Hautkopf

Cortinarius cinnamomeus

Kein Speisepilz

Wo wächst er?

Am Rand von Mooren und Sümpfen, in Fichtenwäldern, wo er sich unter Heidelbeersträuchern im Moos versteckt.

Wie erkenne ich ihn?

Die schöne Farbe dieses Schleierlings reicht von Rostrot oder -braun bis zu leuchtendem Gelb, über sämtliche Zimt- und Rottöne. Dank dieser Färbung lässt er sich zum Glück meistens eindeutig bestimmen.

- Der Hut läuft in der Mitte in einer Art Buckel spitz zu, wobei er nicht breiter als 10 cm wird. Im Alter reißen die Hutränder auf.
- Die weit auseinanderstehenden Lamellen sind ebenfalls rostrot.
- Der Stiel ist sehr schmal.

Wann wächst er?

Von August bis November.

Kann ich den Pilz zubereitet essen?

Auf keinen Fall! Dieser Pilz ist äußerst gefährlich: Er greift das Nierengewebe an und zerstört letztendlich die Nieren vollständig.

Spitzgebuckelter Raukopf

Cortinarius speciossimus

Kein Speisepilz

Wo wächst er?

In Laubwäldern, Parks und Hecken.

Wie erkenne ich ihn?

Der Riesen-Rötling ähnelt dem Nebelgrauen Trichterling sehr (gleiche Größe, grauer Hut), der allerdings essbar ist; nur anhand der Lamellen lassen sich diese zwei Arten voneinander unterscheiden.

- Weiß-gräulicher Hut.
- Große Lamellen (beim Riesen-Rötling gelblich bis fahlrosa, beim Nebelgrauen Trichterling hingegen weiß).
- Langer, gänzlich weißer Stiel.
- Dichtes, weißes, brüchiges Fleisch.

Wann wächst er?

Von Juli bis Oktober, in Gruppen oder Kreisen.

Kann ich den Pilz zubereitet essen?

Nein. Auch wenn der Verzehr dieses Pilzes selten zu tödlichen Vergiftungen führt, verursacht er doch schwere Magen-Darm-Störungen.

Riesen-Rötling

Entoloma sinuatum

Kein Speisepilz

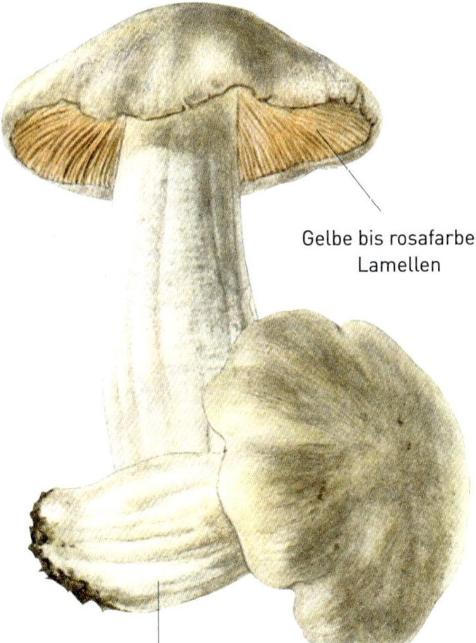

Wo wächst er?

An Wegesrändern, in Wäldern und auf Wiesen in Waldnähe.

Wie erkenne ich ihn?

Dieser gefährliche Pilz einer sehr häufigen Art zeichnet sich insbesondere durch die braune, schuppige Schicht auf seinem Hut aus, die von der Hutmitte aus zu den Rändern immer weniger wird, sodass die Ränder fast weiß sind.

- Die weißen, eng stehenden Lamellen werden vom Stiel durch einen Ring getrennt.
- Das weiße bis graue Fleisch riecht stark nach fauligen Radieschen.
- Der schmale, seidige Stiel trägt einen vergänglichen Ring, der mit dem Alter verschwindet.

Wann wächst er?

Im Frühling.

Kann ich den Pilz zubereitet essen?

Nein, er ist hochgiftig.

Stink-Schirmling

Lepiota cristata

Kein Speisepilz

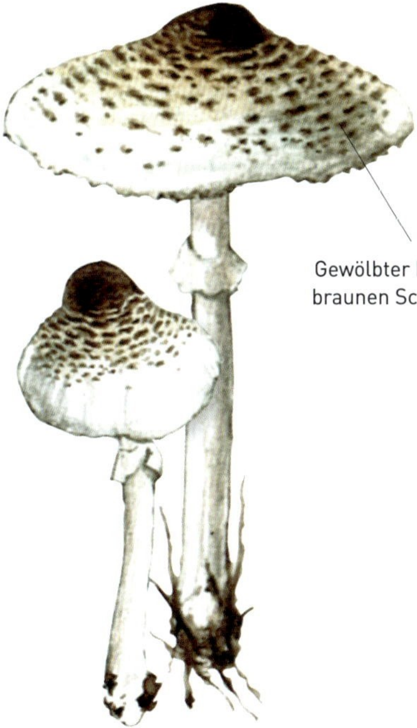

Wo wächst er?

Am Fuße zahlreicher Baumarten (Hainbuche, Eiche, Kastanie) und insbesondere von Olivenbäumen, an denen diese Pilzart in großen Büscheln wächst. Wärmeliebend, deshalb meist nur im mediterranen Raum zu finden.

Wie erkenne ich ihn?

Der Ölbaumtrichterling ist ziemlich beeindruckend, mit seinem 10–15 cm breiten leuchtend orangefarben bis braunrotem Hut.

- Er ist größer und rötlicher in seiner Färbung als der Pfifferling.
- Das weiße, später gelbliche Fleisch verströmt einen Duft, der an Olivenöl erinnert.
- Der meist schiefe, manchmal recht kurze Stiel kann eine Länge von 10–15 cm erreichen.

Eine Besonderheit: Dieser Pilz leuchtet im Dunkeln so hell, dass man ihn als Leselampe verwenden könnte. Einfach im Dunkeln einige frischgepflückte Exemplare beobachten – sie leuchten weißlich grün!

Wann wächst er?

Im Frühling und Herbst.

Kann ich den Pilz zubereitet essen?

Keinesfalls. Die Verwechslung mit Pfifferlingen führt bei den Betroffenen zu schwerwiegenden Vergiftungen.

Dunkler Ölbaumtrichterling

Omphalotus olearius

Kein Speisepilz

Wo wächst er?

Der Grüne Knollenblätterpilz ist weit verbreitet und sehr gefährlich. Er wächst in allen Wäldern, unter allen Baumarten und auf allen Böden. Man findet ihn allerdings selten im Gebirge.

Wie erkenne ich ihn?

Es empfiehlt sich, den Pilz genau zu betrachten:

- Der mittelgroße Hut ist grün, gelbgrün oder olivgrün, leicht samtig.
- Unter dem Hut finden sich weiße Lamellen.
- Der feste weiße Stiel trägt einen schönen Ring am oberen Ende, am Fuß eine stabile, recht dicke Scheide, die der Rest der Haut ist, die den jungen Fruchtkörper umgibt.

Nicht zu verwechseln mit Täublingen, die weder Volva noch Ring aufweisen.

Wann wächst er?

Von Juli bis November.

Kann ich den Pilz zubereitet essen?

Der Grüne Knollenblätterpilz ist in beinahe allen Fällen tödlich giftig. 90 Prozent der Todesfälle in Folge von Pilzverzehr gehen auf seine Kappe. Wenn dieser Pilz einmal bestimmt ist, sollte man ihn zerstören, damit er nicht andere Spaziergänger zum Pflücken und Essen verleitet.

Grüner Knollenblätterpilz

Amanita phalloides

Kein Speisepilz

Wo wächst er?

In Wäldern, auf Wiesen, unter Laub- wie Nadelbäumen.

Wie erkenne ich ihn?

Dieser Pilz wird auch Verkahlender Krempling genannt, da er im zunehmenden Alter die leicht filzige Beschaffenheit verliert.

- Der Hut ist glatt und in der Mitte leicht schmierig, gewölbt, mit eingerolltem, leicht gestreiftem Rand.
- Die schmalen Lamellen stehen eng und sind blassgelb. Sie lösen sich allesamt ab, sobald man sie drückt, wie die Röhren bei Röhrlingen.
- Das gelbliche Fleisch verfärbt sich bei Kontakt mit der Luft braun und wird beim Garen gänzlich schwarz – was selbst die Mutigsten abschrecken sollte!

Wann wächst er?

Von Juni bis Dezember, eine sehr geläufige Art, die in den verschiedensten Gegenden vorkommt.

Kann ich den Pilz zubereitet essen?

Nein. Dieser Pilz ist giftig, in rohem Zustand sogar tödlich giftig!

Kahler Krempling

Paxillus involutus

Kein Speisepilz

Vorspeisen

Carpaccio vom Steinpilz mit Parmesan

4 10 min

500 g Steinpilze • 50 g Parmesan • 1 EL Balsamico-Essig • 1 TL Sherry-Essig • 2 EL Nussöl • 2 EL Sonnenblumenöl • 1 Eichblattsalat • Ein Dutzend Nusskerne • Salz, Pfeffer aus der Mühle

1. Waschen und trocknen Sie den Salat. Mischen Sie in einer Schüssel die Essige und Öle und geben anschließend Salz und Pfeffer hinzu.

2. Entfernen Sie die erdigen Stiele der Pilze und waschen diese vorsichtig. Schneiden Sie sie mit einem langen Messer in sehr dünne Scheiben.

3. Verteilen Sie die Scheiben auf vier Teller. Geben Sie die Sauce sowie die grob gehackten Nusskerne und den gehobelten Parmesan darüber, salzen und pfeffern Sie das Carpaccio und servieren es umgehend.

Gefüllte Pilze

4 | 15 min | 25 min

8–12 große Pilzköpfe (z. B. Wiesenchampignons) • 200 g Schinken (vom Endstück) • 2 Knoblauchzehen • 1 Zwiebel • 2 Stängel Petersilie • 2 EL Semmelbrösel • 3 EL Olivenöl • 3 EL Zitronensaft • Salz, Pfeffer

1. Entfernen Sie den erdigen Stiel der Champignons, waschen Sie sie kurz unter fließendem kaltem Wasser ab und trocknen sie. Reiben Sie die Pilzköpfe mit Zitronensaft ein und legen Sie sie in eine ofenfeste Form. Schälen Sie Knoblauch und Zwiebel.

2. Hacken Sie die Pilzstiele zusammen mit dem Schinken, dem Knoblauch, der Zwiebel und den Petersilienblättern und würzen Sie die Mischung mit Salz und Pfeffer.

3. Füllen Sie diese Masse in die Champignons, bestreuen sie mit Semmelbröseln und geben einige Tropfen Olivenöl drüber. Die gefüllten Pilze bei 180 Grad etwa 25 Minuten im Ofen backen. Warm servieren.

Eingelegte Pilze nach griechischer Art

4 · 10 min · 30 min

300 g Pilze (Wiesenchampignons, Echte Knoblauchschwindlinge oder Zucht-Champignons) • ½ Glas Olivenöl • 10 schwarze Pfefferkörner • 1 TL Koriandersaat • 1 Zitrone • 1 TL Fenchelsaat • 1 Bouquet garni (z. B. ein Bund mit Petersilie, Thymian und Lorbeer) • Salz

1. Waschen Sie die Pilze vorsichtig. Geben Sie etwas Zitronensaft hinzu, damit sie nicht schwarz werden. Große Pilze schneiden Sie in Stücke.

2. Bereiten Sie die Marinade zu: Lassen Sie dafür 50 cl Wasser, Olivenöl, Pfefferkörner, Koriander, Fenchel, das Bouquet garni und Salz 20 Minuten lang bei niedriger Temperatur garen.

3. Das Ganze einmal aufkochen und anschließend die Pilze dazugeben. Alles 10 Minuten lang köcheln lassen.

4. Die Pilze abkühlen lassen und in einem verschlossenen Glas in der Marinade an einem kühlen Ort aufbewahren.

Salat mit Wiesenchampignons

4 15 min

600 g weiße Wiesenchampignons • 2 Becher cremiger Naturjoghurt • 1 Zitrone • 2 Stängel Petersilie • Salz, Pfeffer

1. Pressen Sie die Zitrone und geben den Saft in eine Salatschüssel. Fügen Sie Joghurt, Salz und Pfeffer hinzu und verrühren alles.

2. Säubern Sie die Pilze unter fließendem kaltem Wasser, tupfen Sie sie trocken und schneiden sie in kleine Stücke. Anschließend kreisförmig in die Mitte auf vier kleine Teller legen. Das Joghurt-Dressing darüberträufeln. Petersilie hacken und über die Teller streuen. Sofort servieren.

Pilzsuppe

4 15 min 35 min

400 g verschiedene Pilzsorten • 3 Schalotten • 300 g Kartoffeln • 1 l Geflügelbrühe • 20 g Butter • 30 cl Sahne • Muskatnuss, gerieben • Salz, Pfeffer

1. Putzen Sie die Pilze und schneiden sie klein. Schälen Sie die Kartoffeln, waschen sie und schneiden sie in kleine Würfel. Anschließend die Schalotten schälen und klein schneiden.

2. Butter in einem Topf schmelzen, Gemüse 5 Minuten unter Rühren andünsten, anschließend Brühe hinzugeben und alles leicht salzen und pfeffern. Zugedeckt 30 Minuten kochen lassen.

3. Die Suppe pürieren, abschmecken und in Schalen geben.

4. Die Sahne aufschlagen, einen Klecks in die Mitte jeder Schale geben und das Ganze mit etwas geriebener Muskatnuss dekorieren.

Hauptgerichte

Kalbskoteletts mit Austernpilzen

4   10 min   25 min

4 Kalbskoteletts • 300 g Austernpilze • 2 Schalotten • 2 Knoblauchzehen • 60 g Butter • 2 Stängel Petersilie • Salz, Pfeffer

1. Schmelzen Sie 30 g Butter in einer großen Pfanne, braten Sie das Kalbfleisch auf beiden Seiten je 5 Minuten an, reduzieren Sie anschließend die Hitze und lassen sie es 15 Minuten weiter schmoren.

2. Reinigen Sie die Austernpilze mit einem feuchten Handtuch; falls sie sehr groß sind, schneiden Sie sie in mundgerechte Stücke. Die Schalotten und den Knoblauch schälen und fein hacken.

3. Die restliche Butter in einer anderen Pfanne schmelzen, Schalotten und Knoblauch zusammen mit den Pilzen 10 Minuten unter Umrühren andünsten und mit Salz und Pfeffer abschmecken.

4. Die Koteletts auf vier Teller legen, Austernpilze um das Fleisch herum anrichten und mit gehackter Petersilie bestreuen. Heiß servieren. Dazu passen Nudeln, grüne Bohnen oder auch Tomaten.

Pilzomelette

4 15 min 20 min

500 g festfleischige Pilze (z. B. Austernpilze, Ritterlinge, Kaiserlinge, Steinpilze) • 5 Eier • 30 g Butter • 1 EL Milch • etwas Petersilie oder Schnittlauch • Salz, Pfeffer

1. Pilze sorgfältig putzen. Ein Stück Butter in der Pfanne schmelzen und Pilze hineingeben. Salzen und pfeffern. Leicht dünsten lassen, bis das Wasser verdampft ist.

2. Eier in eine Schüssel geben und mit Milch aufschlagen.

3. Restliche Butter in einer großen Pfanne schmelzen, Eier hinzugeben und 3 Minuten stocken lassen. Anschließend die Pilze darauf verteilen und Kräuter zufügen. 3–8 Minuten weiter garen lassen, je nach Geschmack.

4. Das Omelette in der Mitte zusammenklappen und anrichten. Sofort servieren.

Kabeljaufilet mit Pfifferlingen

4 10 min 20 min

4 Kabeljaufilets • 300 g Pfifferlinge • 2 Stangen Lauch • 100 g Butter • 2 EL Balsamico-Essig • Salz, Pfeffer

1. Mit einem feuchten Handtuch die Pfifferlinge putzen. Den Lauch ebenfalls putzen und in feine Streifen schneiden. Anschließend in siedendem Salzwasser 5 Minuten blanchieren und dann abtropfen lassen.

2. Schmelzen Sie Butter in einer Pfanne, geben Sie die Pfifferlinge hinzu und dünsten sie so lange, bis sie ihr gesamtes Wasser abgegeben haben. Dann den Lauch hinzufügen, salzen, pfeffern und weitere 5 Minuten schmoren lassen.

3. In der Zwischenzeit den Kabeljau im Dampfgarer 10 Minuten lang garen. Den Fisch auf Teller verteilen, die Pilze mit Lauch drumherum anrichten. Sofort servieren.

Hühnchen mit Waldpilzen

4 10 min 35 min

4 Hühnerschenkel • 600 g Pilze (Röhrlinge, Riesenschirmlinge, Ritterlinge) • 2 Schalotten • 10 cl trockener Weißwein • 25 cl Sahne • 60 g Butter • Salz, Pfeffer

1. Geben Sie etwas Butter in einen Bräter und braten Sie die Hühnerschenkel unter Wenden darin an. Anschließend Salz, Pfeffer und den Wein hinzugeben, abdecken und das Ganze 25 Minuten schmoren lassen.

2. In der Zwischenzeit die Pilze mit dem Rest Butter und den Schalotten in einer Pfanne 5 Minuten anschwitzen, regelmäßig umrühren. Zur Seite stellen.

3. Wenn das Huhn gar ist, geben Sie die Pilze und Sahne hinzu und lassen alles weitere 5 Minuten köcheln. Auf eine Anrichteplatte geben und sofort servieren. Dazu passt frische Pasta.

Pilzquiche

4 15 min 40 min

1 Blätterteig- oder Mürbeteigboden (TK) • 400 g Pilze (z. B. Semmel-Stoppelpilze, Riesenschirmlinge, Steinpilze, Pfifferlinge) • 4 Eier • 2 EL Sahne • 30 g Butter • 1 Prise Muskatnuss • Salz, Pfeffer

1. Reinigen Sie die Pilze unter fließendem, kaltem Wasser, ohne dass sie zu viel Wasser ziehen, trocknen und schneiden Sie sie klein. Die Butter in einem Topf schmelzen, Pilze zufügen und 10 Minuten lang vorsichtig dünsten. Sobald das Pilzwasser verdampft ist, Salz, Pfeffer, Muskatnuss hinzugeben und beiseitestellen.

2. Heizen Sie den Ofen auf 180 Grad vor. Legen Sie den Blätterteigboden samt Backpapier in eine Tarte-Form. Schlagen Sie die Eier zusammen mit der Sahne auf, geben die Pilze hinzu und geben die Mischung auf den Teigboden. 30 Minuten backen. Quiche auf einem großen Teller heiß oder lauwarm servieren.

Risotto mit Austernpilzen

4 20 min 40 min

300 g Rundkornreis • 500 g Austernpilze • 2 Knoblauchzehen • 2 Schalotten • 10 cl trockener Weißwein • 1 l Geflügelbrühe • 50 g Butter • 3 EL Olivenöl • 70 g geriebener Parmesan • 2 Stängel glatte Petersilie • Salz, Pfeffer

1. Waschen Sie die Austernpilze kurz unter fließendem kaltem Wasser ab, trocknen sie und schneiden sie in kleine Stückchen. Die Schalotten und den Knoblauch schälen und ebenfalls klein schneiden.

2. Etwas Butter in einem Topf schmelzen, Schalotten und Knoblauch zusammen mit den Pilzen bei niedriger Hitze 10 Minuten lang andünsten. Danach von der Platte nehmen und warm stellen.

3. Olivenöl in einer Pfanne erhitzen, den Reis dazugeben und so lange dünsten, bis er glasig wird. Weißwein zufügen und so lange bei mittlerer Hitze köcheln lassen, bis er verdampft ist. Weiter köcheln lassen, stets löffelweise Brühe dazugeben, bis sie vom Reis aufgenommen wurde. Petersilienblätter waschen, trocknen und hacken.

4. Pilze zu dem Reis geben, vorsichtig umrühren, Butter unterheben, ebenso Petersilie und Parmesan. Heiß servieren.

Lachscurry mit Pilzen

4 15 min 25 min

4 frische Lachsfilets • 1 Schalotte • 400 g Pilze (Semmel-Stoppelpilze, Röhrlinge) • 60 g Butter • 20 cl Crème fraîche • 1 EL Currypulver • 6 Halme Schnittlauch • Salz, Pfeffer

1. Putzen Sie die Champignons und schneiden sie klein. Schalotte schälen und fein hacken. Butter in einem Topf schmelzen, die Schalotte 2 Minuten lang dünsten, dann die Pilze dazugeben und alles 10 Minuten unter Umrühren schmoren lassen.

2. Wenn das gesamte Pilzwasser verdampft ist, Salz und Pfeffer sowie Curry und zum Schluss die Crème fraîche zugeben. Noch 5 Minuten köcheln lassen. Warm stellen.

3. Den Fisch 10 Minuten lang dampfgaren und anschließend auf die Teller legen, mit Sauce beträufeln und mit Schnittlauch dekorieren. Als Beilage passt Naturreis gut dazu.

Beilagen

Steinpilze à la Bordelaise

4 15 min 15 min

400–600 g Steinpilze • 2 EL Gänseschmalz • 2 Schalotten • 2 Knoblauchzehen • 2 Stängel Petersilie • 2 EL Semmelbrösel • 2 EL Zitronensaft • Salz, Pfeffer

1. Die Steinpilze vorsichtig mit einem feuchten Tuch putzen, anschließend klein schneiden. Schalotten und Knoblauchzehen schälen und zusammen mit der Petersilie hacken.

2. Das Schmalz in einer Pfanne auslassen, die Pilze unter Umrühren 10 Minuten lang bei niedriger Hitze andünsten. Anschließend Schalotten, Knoblauch, Petersilie, Salz, Pfeffer und Semmelbrösel hinzugeben. Weitere 5 Minuten dünsten. Vor dem Anrichten Zitronensaft dazugeben.

Paprika-Pilze

4 · 20 min · 10 min · 30 min

600 g Pilze (Röhrlinge, Wiesenchampignons) • 2 Zwiebeln • 2 grüne Paprika • Butter • 1 EL Paprikapulver • 4 EL Sahne • Salz, Pfeffer

1. Legen Sie die Paprika auf den Grillrost im Ofen und grillen Sie sie 20 Minuten. Regelmäßig wenden, damit die gesamte Haut schwarz wird. 10 Minuten lang in einen Plastikbeutel geben, anschließend schälen, von den Kernen befreien und in Würfel schneiden. Die Zwiebeln schälen und hacken.

2. Die Pilze rasch unter fließendem kaltem Wasser waschen. Zuvor den erdigen Stiel entfernen. Fein schneiden.

3. Butter in einem Topf schmelzen, die Pilze, Zwiebeln und Paprikawürfel andünsten. Alles 10 Minuten schmoren lassen. Salzen, pfeffern, Paprikapulver sowie Sahne zufügen und alles erhitzen. Heiß oder lauwarm servieren.

Kartoffelgratin mit Steinpilzen

4 20 min 1h10

800 g Kartoffeln • 300 g Steinpilze • 2 Knoblauchzehen • 40 cl Milch • 40 cl Sahne • 50 g geriebener Käse • 50 g Butter • Salz, Pfeffer

1. Schälen Sie die Kartoffeln und schneiden sie in feine Scheiben. Knoblauch schälen. Steinpilze mit einem feuchten Tuch putzen, in Scheiben schneiden. Die Hälfte der Butter in einer Pfanne schmelzen, die Steinpilze 10 Minuten bei niedriger Hitze andünsten, salzen, pfeffern und zur Seite stellen.

2. Milch und Sahne in einen Topf gießen, den klein geschnittenen Knoblauch und die Kartoffelscheiben dazugeben, umrühren und 30 Minuten bei niedriger Hitze köcheln lassen.

3. Den Ofen auf 180 Grad vorheizen. Eine Gratinform buttern. Die Hälfte der Kartoffeln hineingeben, mit Steinpilzen belegen, anschließend wieder Kartoffeln aufschichten. Alles mit Käse bestreuen. Im Ofen 30 Minuten backen. Heiß servieren.

Morcheln à la Béarnaise

4 · 10 min · 1h15 min

250 g frische Morcheln • 125 g Jambon de Bayonne (oder ein anderer luftgetrockneter Schinken) • 3 EL Olivenöl • 1 Glas Weißwein (in Frankreich nimmt man gerne Jurançon) • ½ Glas Brühe • 30 g Butter • 1 EL Mehl • 1 Zitrone • 1 Löffel gehackte Petersilie • Salz, Pfeffer • 1 Prise Muskatnuss

1. Die Morcheln sorgfältig putzen und halbieren. Den klein geschnittenen Schinken 3 Minuten in Olivenöl anbraten.

2. Den Schinken aus der Pfanne nehmen und die Morcheln 5 Minuten andünsten. Schinken, Petersilie, Muskatnuss, Brühe und Wein hinzugeben. Alles bei niedriger Hitze 45 Minuten köcheln lassen.

3. Etwa 20 Minuten vor dem Servieren Butter in einem Topf schmelzen und das Mehl hineingeben. Wenn die Mehlschwitze ein homogener Teig ist, einige Löffel vom Pilzsud zufügen.

4. Diese Mischung zu den Morcheln geben und noch 20 Minuten köcheln lassen. Kurz vor dem Servieren Zitronensaft, Salz und Pfeffer dazugeben.

Pilzsauce

6 10 min 5 min

125 g Pilze (Steinpilze, Rüblinge, Kaiserlinge) • 2 EL Öl • 1 EL Mehl • 1 Zwiebel • 1 Knoblauchzehe • 10 cl Brühe • 10 cl Milch • Salz, Pfeffer • Sojasauce (optional)

1. Putzen und hacken Sie die Pilze. Schälen Sie Zwiebel und Knoblauchzehe. Die Zwiebel in Öl dünsten, Knoblauch und Pilze zufügen, alles 5 Minuten dünsten.

2. Pfanne vom Herd nehmen, Mehl zufügen, anschließend Milch und Brühe.

3. Alles aufkochen und mit einem Holzlöffel 3 Minuten lang gut umrühren. Salzen, pfeffern und, falls gewünscht, Sojasauce dazugeben.

4. Einige Minuten abkühlen lassen und anschließend mit dem Pürierstab zu einer sämig-flüssigen Sauce verarbeiten.

Tagliatelle mit Pfifferlingen

4 · 10 min · 20 min

300 g Tagliatelle • 300 g Pfifferlinge • 3 Schalotten • 2 Zweige Estragon • 25 cl Crème fraîche • 30 g Butter • Salz, Pfeffer

1. Putzen Sie die Pfifferlinge mit einem feuchten Tuch und schneiden sie in kleine Stücke. Die Schalotten schälen und hacken. Butter in einer Pfanne schmelzen, Schalotten und Pilze hineingeben, salzen, pfeffern und so lange bei niedriger Hitze dünsten, bis die Pilze ihr Wasser abgegeben haben. Anschließend Crème fraîche dazugeben. Weitere 5 Minuten köcheln lassen, dann beiseite stellen.

2. Kochen Sie die Pasta 8 Minuten in sprudelndem Salzwasser, gießen Sie sie ab und geben sie in die Pfanne. Alles vorsichtig vermengen und in eine Servierschüssel umfüllen. Mit einigen Blättern Estragon dekorieren.

Register

A

Agaricus campestris 80
Agaricus silvaticus 78
Agrocybe aegeritacylindracea 76
Amanita caesarea 74
Amanita muscaria 94
Amanita pantherina 92
Amanita phalloides 128
Amanita virosa 114
Armillariella mellea 14
Austernpilz 56
Austern-Seitling *(Pleurotus ostreatus)*, a. Austernpilz 56

B

Blaugestiefelter Schleimkopf 40
Bläuling (Violetter) 42
Boletus aereus 62
Boletus edulis 64
Boletus satanas 96
Bovista gigantea 32
Brennender Rübling *(Collybia peronata)* 86
Bronze-Röhrling *(Boletus aereus)*, a. Schwarzhütiger Steinpilz 62

C

Calocybe gambosa 71
Cantharellus cibarius 68
Clavaria formosa 98
Clitocybe candicans 116
Clitocybe nebularis 18
Collybia dryophila 34
Collybia peronata 86
Coprinus atramentarius 100
Coprinus comatus 38
Cortinarius cinnamomeus 118
Cortinarius praestans 40
Cortinarius speciossimus 120
Craterellus cornucopioides 82
Cuphophyllus virgineus 24
Cystoderma cinnabarinum 84

D

Dickblättriger Schwarz-Täubling *(Russula nigricans)* 90
Dreifarbige Koralle *(Clavaria formosa)* 98

Dunkler Ölbaumtrichterling *(Omphalotus olearius)* 126

E

Echter Pfifferling *(Cantharellus cibarius)* 68
Edel-Reizker *(Lactarius deliciosus)* 26
Eichen-Leberreischling *(Fistulina hepatica)*, a. Leberpilz, Ochsenzunge 46
Eichen-Rotkappe 16
Entoloma sinuatum 122

F

Falten-Tintling *(Coprinus atramentarius)* 100
Feld-Schwindling 50
Fistulina hepatica 46
Fleischroter Speise-Täubling *(Russula versca)* 30
Fliegenpilz *(Amanita muscaria)* 94
Fomes fomentarius 88
Frost-Schneckling *(Hygrophorus hypothejus)*, a. Gelbblättriger Schneckling 22

G

Gelbblättriger Schneckling 22
Gelbgrüner Ritterling *(Tricholoma flavovirens)* 112
Gemeiner Erd-Ritterling *(Tricholoma terreum)* 58
Gemeiner Riesenschirmling *(Macrolepiota procera)* 66
Gemeiner Steinpilz *(Boletus edulis)* 64
Gemeiner Waldfreund-Rübling *(Collybia dryophila)* 34
Gemeines Stockschwämmchen *(Kuehneromyces mutabilis)* 52
Georgsritterling 71
Gomphidius glutinosus 20
Graukappe 18
Großer Scheidling *(Volvaria gloiocephala)* 60
Großer Schmierling *(Gomphidius glutinosus)* 20
Grubiger Wurzelrübling 36

Grüner Knollenblätterpilz *(Amanita phalloides)* 128

H

Herbsttrompete 82
Hirneola auricula-judae 72
Holunderschwamm 72
Honiggelber Hallimasch *(Armillariella mellea)* 14
Hydnum repandum 28
Hygrocybe virginea 24
Hygrophorus hypothejus 22
Hypholoma sublateritium 102

J

Judasohr *(Hirneola auricula-judae)*, a. Mu-Err, Holunderschwamm 72
Jungfern-Ellerling *(Cuphophyllus virgineus o. Hygrocybe virginea)* 24

K

Kahler Krempling *(Paxillus involutus)* 131
Kaiserling *(Amanita caesarea)*, a. Orangegelber Wulstling 74
Kegelhütiger Knollenblätterpilz *(Amanita virosa)* 114
Kleiner Wald-Champignon *(Agaricus silvaticus)* 78
Kuehneromyces mutabilis 52

L

Laccaria amethystina 42
Lactarius deliciosus 26
Lactarius vellereus 104
Laubwald-Rotkappe *(Leccinum aurantiacium)*, a. Eichen-Rotkappe 16
Leberpilz 46
Leccinum aurantiacium 16
Lepiota cristata 124
Lepista nebularis 18
Lepista nuda 54

M

Macrolepiota procera 66
Mairitterling *(Calocybe gambosa* o. *Tricholoma gambosa)*, a. Georgsritterling 71
Marasmius oreades 50
Morchella esculenta 48
Mu-Err 72
Mycena rosea 106

N
Nebelgrauer Trichterling *(Lepista* o. *Clitocybe nebularis)*, a. Nebel- o. Graukappe 18
Nebelkappe 18
Nelken-Schwindling *(Marasmius oreades)*, a. Feld-Schwindling 50

O
Ochsenzunge 46
Omphalotus olearius 126
Orangegelber Wulstling 74
Oudemansiella radicata 36

P
Pantherpilz *(Amanita pantherina)* 92
Paxillus involutus 131
Pholiota squarrosa 108
Pleurotus ostreatus 56
Psathyrella velutina 44
Psylocybe semilanceata 110

R
Riesenbovist *(Bovista gigantea)* 32
Riesen-Rötling *(Entoloma sinuatum)* 122
Rosa Rettich-Helmling *(Mycena rosea)* 106
Rundmorchel 48
Russula nigricans 90
Russula versca 30

S
Satans-Röhrling *(Boletus satanas)* 96
Schleiereule *(Cortinarius praestans)*, a. Blaugestiefelter Schleimkopf 40
Schleimiger Wurzelrübling *(Oudemansiella radicata)*, a. Grubiger Wurzelrübling 36
Schopf-Tintling *(Coprinus comatus)* 38
Schwarzhütiger Steinpilz 62
Schöne Koralle *(Clavaria formosa)* 98
Semmel-Stoppelpilz *(Hydnum repandum)* 28
Sparriger Schüppling *(Pholiota squarrosa)* 108
Speisemorchel *(Morchella esculenta)*, a. Rundmorchel 48
Spitzbuckeliger Orange-Schleierling 120

Spitzgebuckelter Raukopf *(Cortinarius speciossimus)*, a. Spitzbuckeliger Orange-Schleierling **120**
Spitzkegeliger Kahlkopf *(Psylocybe semilanceata)* **110**
Stink-Schirmling *(Lepiota cristata)* **124**
Südlicher Ackerling *(Agrocybe aegeritacylindracea)* **76**

T
Totentrompete *(Craterellus cornucopioides)*, a. Herbsttrompete **82**
Tricholoma flavovirens **112**
Tricholoma gambosa **71**
Tricholoma terreum **58**
Tränender Saumpilz *(Psathyrella velutina)* **44**

W
Wachsstieliger Trichterling *(Clitocybe candicans)* **116**
Wiesen-Champignon *(Agaricus campestris)* **80**

V
Violetter Lacktrichterling *(Laccaria amethystina)*, a. (Violetter) Bläuling **42**
Violetter Rötelritterling *(Lepista nuda)* **54**
Volvaria gloiocephala **60**

W
Wolliger Milchling (Lactarius vellereus) **104**

Z
Ziegelroter Schwefelkopf *(Hypholoma sublateritium)* **102**
Zimtbrauner Hautkopf *(Cortinarius cinnamomeus)* **118**
Zinnoberbrauner Körnchenschirmling *(Cystoderma cinnabarinum)* **84**
Zunderschwamm *(Fomes fomentarius)* **88**

Notizen

Notizen